用 Scratch 玩转 **Arduino**

王克伟　毛洪艳　等 编著

U0209758

化学工业出版社

·北京·

内 容 提 要

本书基于 Scraino 平台，采用全彩图解＋视频讲解的形式，通过丰富有趣的制作案例，介绍了利用 Arduino 和 Scratch 进行创意设计的思路、方法与技巧。

全书共分 4 章：第 1 章主要介绍基础知识，包括 GKduino 硬件资源和 Scraino 软件环境；第 2 章感受人机交互，使用简单的 LED 灯、按键和电位器来设计小灯、风车、跳舞娃娃等项目；第 3 章爱上智能家居，加入常用的传感器、蜂鸣器，设计温度计、感应门铃等智能家居项目；第 4 章趣味游戏设计，结合前面的传感器、LED 灯和蜂鸣器等，设计丰富有趣的游戏案例。

本书以 STEAM 教育为理念，在玩中学、做中学，每个实例都按照"做－试－创"的思路设计，循序渐进。

本书适合中小学生及教师、电子爱好者开展创客教育活动使用，也可以用作相关培训机构的教材及参考书。

图书在版编目（CIP）数据

用 Scratch 玩转 Arduino：基于 Scraino / 王克伟等编著. — 北京：化学工业出版社，2020.8

ISBN 978-7-122-35973-5

Ⅰ. ①用… Ⅱ. ①王… Ⅲ. ①单片微型计算机－程序设计 Ⅳ. ①TP368.1

中国版本图书馆 CIP 数据核字（2020）第 070251 号

责任编辑：耍利娜　　　　　　　　　　美术编辑：王晓宇
责任校对：刘曦阳　　　　　　　　　　装帧设计：水长流文化

出版发行：化学工业出版社（北京市东城区青年湖南街 13 号　邮政编码 100011）
印　　装：北京新华印刷有限公司
880mm×1230mm　1/32　印张 5　字数 127 千字　2020 年 9 月北京第 1 版第 1 次印刷

购书咨询：010-64518888　　　　　　　售后服务：010-64518899
网　　址：http://www.cip.com.cn
凡购买本书，如有缺损质量问题，本社销售中心负责调换。

编写人员

徐治国　郑　州	临沂第六实验小学
范　伟　于　敏　寇　超　孙其进	临沂高都小学
张树杰	东营市垦利区第二实验小学
朱丙飞	临沂市付庄中心小学
马丽丽	沂水县实验小学
李　猛	山东省教育协会
颜景浩	临沂市科技馆
万继文　梁福喜　张　雷	临沂市罗庄区教体局电教科
蔡明清　蒋　冰	临沂市罗庄区科学技术协会
曾　毅　罗声昌　张明文	吉安优创电子科技有限公司

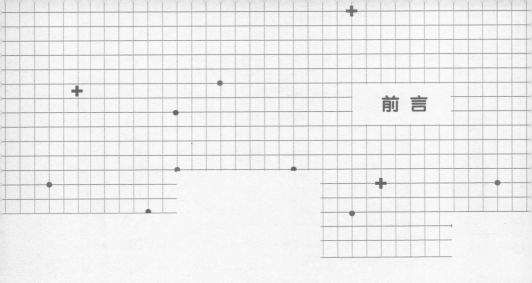

前　言

　　Arduino是一种便捷灵活、方便上手的开源电子原型平台。开源电子是一门涉及电子技术、传感技术、控制技术等多领域的新兴学科，可以有效地促进学生整合科学、技术、数学知识，以工程标准化的思想进行创新创造的过程，其在创客教育中的意义重大。

　　本书所用的GKduino是基于Arduino Uno开发的。GKduino能通过多种多样的传感器来感知环境，通过控制按钮、LED灯、蜂鸣器、电机和其他的装置来反馈、影响环境。借助GKduino可以开发出如倒车雷达、循迹小车、车场计数器、投篮机、智能家居等许多有趣好玩的项目。学生可以在一个个趣味项目中改造生活，找到解决问题的方法。

　　本书中使用的软件环境为Scraino。Scraino软件是一款基于Scratch 3.0开发的面向青少年的简易图形化编程工具，不仅保留了Scratch的原生形态，同时添加了Arduino开源硬件的支持，将Arduino程序语句封装成独立的脚本，与Scratch原生脚本相结合，进行积木式搭建，实时生成C++语言代码，并配合高效的编译内核，将代码快速烧录到控制器中，从而实现对硬件设备的开发；不仅支持交互模式，实现软件与硬件之间的交互，还可以进行脱机控制，以及构建小型物联网系统，给用户带

来多维的体验方式。

　　本书共分为4章：第1章主要介绍基础知识，包括GKduino硬件资源和Scraino软件环境；第2章感受人机交互，使用简单的LED灯、按键和电位器来设计小灯、风车、跳舞娃娃等项目；第3章爱上智能家居，加入常用的传感器、蜂鸣器，设计温度计、感应门铃等智能家居项目；第4章趣味游戏设计，结合前面的传感器、LED灯和蜂鸣器等，设计丰富有趣的游戏案例。每个章节间环环相扣，任务由简到难，实现知识和技能的螺旋式上升。

　　通过Scraino平台将Arduino和Scratch编程积木结合，能够激发孩子的无限想象；通过一个个项目的制作，让他们发现生活的乐趣，提升STEAM素养、信息素养和实践创新能力，让每个孩子都能成为"小创客"。

编著者

▶ 微信扫码 ◀
源程序下载

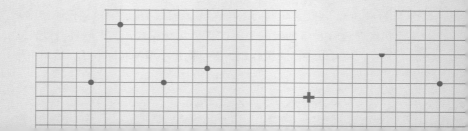

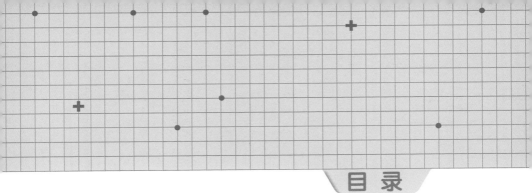

第 **3** 章　爱上智能家居 ▼

第 **4** 章　趣味游戏设计 ▼

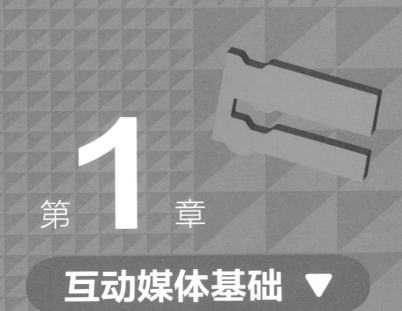

第 **1** 章

互动媒体基础 ▼

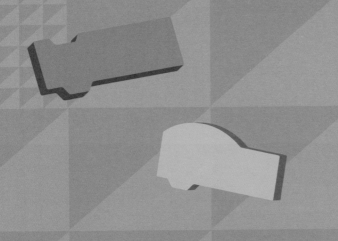

　　商场为了吸引顾客，会在大厅入门处放置地面互动投影，最常见的非"地面互动鱼"莫属了。当顾客走入投射出的水池画面的时候，上面的鱼儿仿佛受了惊吓，四散游开。当人离开的时候，鱼儿又会正常游动。这个项目给人留下了深刻印象，体现了科技与艺术相结合的神奇魅力。在本章中，我们将一起了解互动媒体的基础知识，走进互动媒体的魔法世界。

⠿　1.1　互动媒体知多少

⚑ 1.1.1　什么是互动媒体

　　互动媒体（interactive media）是在传统媒体基础上增加了互动功能，通过人机交互、多种感官参与，呈现出的一种新型、互动式媒体形式，具有丰富生动的表现力。

⚑ 1.1.2　互动媒体作品展示

（1）地面互动投影

　　通过捕捉人像或者其他感应，将捕捉到的影像传输到控制服务器中，经过系统的分析，产生被捕捉物体的动作，该动作数据结合实时影像互动系统，使参与者和屏幕之间产生积极有趣的互动效果。

（2）空中翻书

在展台上放置一本翻开的虚拟图书，当读者在展台前做出翻书动作时，虚拟图书就会自动翻页，读者就会浏览图书内容，并伴有生动的翻页声光效果。

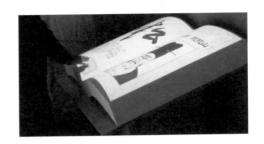

（3）球幕系统

球幕系统使用的是投影机拼接技术，我们常见的是投射一个巨大的地球仪。三台以上的投影机进行拼接后可以获得更好的效果，通过软件进行边缘的融合，做到多台投影机的无缝拼接。

🚩 1.1.3 互动媒体运行流程解析

第一部分：信号采集部分，根据互动需求进行捕捉拍摄，捕捉设备有红外感应器、视频摄录机、热力拍摄器等。

第二部分：信号处理部分，该部分把实时采集的数据进行分析，所产生的数据与虚拟场景系统对接。

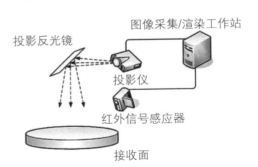

第三部分：成像部分，利用投影机或其他显像设备把影像呈现在特定的位置，显像设备除了投影机外，还有等离子显示器、液晶显示器、LED屏幕等，都可以作为互动影像的载体。

第四部分：辅助设备，如传输线路、安装构件、音响装置等。

1.1.4　常用的互动媒体设计软件

（1）Makey Makey

Makey Makey由麻省理工学院Jay Silver 和 Eric Rosenbaum设计开发，电路简单，外观像红白机游戏手柄的电路板。将几根导线与电路板连接，就可以将身边的诸多事物变成触摸板，比如香蕉钢琴、楼梯钢琴，将电影中经常出现的情境变成了现实互动。

（2）Scratch

Scratch是由麻省理工学院专为少年儿童开发的一款编程软件。程序的命令和参数通过积木形状的模块来实现，使用者只需要拖动模块就可以进行程序编程，可以与按键、声音和摄像头进行互动程序设计。

（3）S4A

S4A是Scratch的修改版。此软件提供了一些传感器模块和输出模块，它趣味性强，能够与Arduino开源硬件相结合，S4A已经成为针对中小学生实现软件和硬件相结合进行互动设计的重要工具之一。

（4）Processing

Processing将Java的语法简化并将其运算结果"感官化"，让使用者能很快享有声光兼备的交互式多媒体作品。在程序动画的基础上添加鼠标、键盘、时间等交互因素，构成完整的交互结构。

（5）Flash

Flash是一种集动画创作与应用程序开发于一身的创作软件。它可以实现由一个简单的图形绘制到高级的动画表现，从一个普通的按钮到一连串的人机多媒体交互。Flash是一个非常优秀的矢量动画制作软件，它以流式控制技术和矢量技术为核心，制作的动画具有短小精致的特点，所以被广泛应用于网页动画的设计中，已成为当前网页动画设计最为流行的软件之一。

（6）Scraino

Scraino软件是一款基于Scratch 3.0开发的面向青少年的简易图形化编程工具，配合Scratch积木式编程的概念，少年儿童可以在娱乐中学习到编程的基本理念和技巧。不仅保留了Scratch的原生形态，同时添加了对Arduino开源硬件的支持，将Arduino程序语句封装成独立的脚本，与Scratch原生脚本相结合，进行积木式搭建，实时生成计算机语言代码，并配合高效的编译内核，将代码快速地烧录到控制器中，从而实现对硬件设备的控制，不仅支持在线模式，实现软件与硬件之间的交互，还可以进行脱机控制，以及构建小型物联网系统，给用户带来多维的体验方式。

注意 本软件仅支持Windows 7及以上操作系统。

1.2　Scraino软件基础

1.2.1　Scraino的下载与安装

首先访问咔嗒爸爸网站，网址为http://www.kadapapa.com/，输入后就可以登录。如下图所示。

选择页面上的资源下载选项，点击软件下载。

网页跳转至下载Scraino软件的页面。

单击软件下载，跳转至百度网盘下载页面，选择Scraino Setup 0.2.15.exe。

双击 🔧，安装软件，如下图所示。

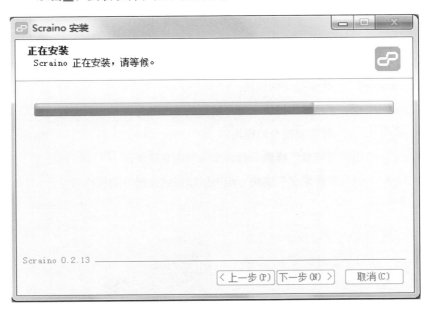

🚩 1.2.2　初识Scraino

双击 🖥，打开Scraino软件，界面如下。

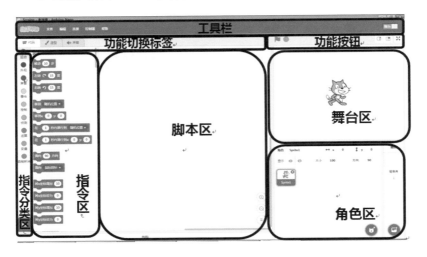

1.2.3 小猫动起来

指令分类区介绍：

① **"控制"模块**　包含时间等待、重复执行、条件执行控制指令的模块；

② **"运算"模块**　包含运算关系、条件关系、数值的比较等控制指令的模块；

③ **"变量"模块**　包含变量的指令模块；

④ **"自定义"模块**　用于创建自定义指令的模块。

指令区是显示程序指令的地方，可以根据需要随意选择、拖拽需要的指令进行程序的编写。根据指令的不同，从形状上又可以分为主程序、带凹槽的指令、六边形指令和椭圆形指令，它们的用法也各不相同。

设计一个简单的程序，让小猫在舞台上来回走动，碰到边缘就反弹。程序如右图所示。

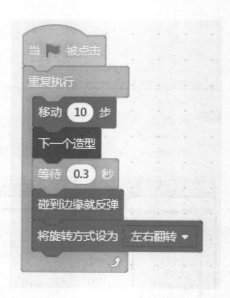

⚏ 1.3 GKduino硬件概述

1.3.1 Arduino概述

Massimo Banzi曾是意大利Ivrea小镇上一家高科技设计学校的老

师，他的学生们经常抱怨找不到便宜又好用的微型控制器。2005年冬季的一天，Massimo Banzi跟David Cuartielles讨论了这个问题。David Cuartielles是一个西班牙籍晶片工程师，当时在这所学校做访问学者。他们两人利用五天的时间设计制作了一系列的创意电子、微型控制器和程序开发工具。Massimo Banzi喜欢去一家名叫di Re Arduino的酒吧，该酒吧是1000年以前意大利国王Arduin的名字命名的。为了纪念这个地方，他将这块电路板命名为Arduino。

　　Arduino是一款便捷灵活、方便上手的开源电子原型平台，包含硬件和软件，其硬件（各种型号的Arduino板）和软件（Arduino IDE以及衍生软件)都是开源的，在互联网上可以直接下载电路图和开发程序。Arduino能通过多种多样的传感器来感知环境，通过控制按键、LED灯、蜂鸣器、电机和其他装置来反馈、影响环境。借助Arduino可以开发出如倒车雷达、循迹小车、车场计数器、投篮机、智能家居等许多有趣好玩的项目。

Duemilanove

LilyPad

Arduino Uno

Mega2560

📐 1.3.2　GKduino主控板

　　本书使用的GKduino主控板，是一种Arduino Uno兼容的主控板。GKduino主控板各个部分的详细结构如下图。

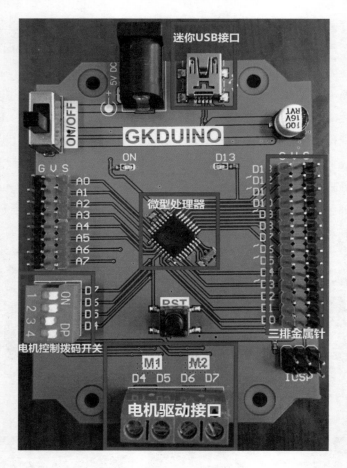

　　主控板的主要组成部分介绍如下。

　　① **引脚**　主控板上两组"三排金属针"称为引脚，黑色一排连接的是电源地（GND），红色一排连接的是5V电源（VCC），彩色一排则是信号引脚，用以实现输入输出的控制。

② **微型处理器**　主控板中间的黑色模块为微型处理器，用于完成运算、控制和存储任务。

③ **数字输入/输出端口**　D0～D13为数字输入/输出端口。13号引脚与主控板上的一个LED灯连接。0、1号引脚分别是串口的发送（TXD）/接收（RXD）引脚，一般不要将模块连接在这两个引脚上。数字引脚上标示"～"符号的3、5、6、9、10、11号引脚具备模拟输出功能。

④ **模拟输入端口**　A0～A7号引脚为模拟输入端口，其中A0～A5可以作为数字输入/输出引脚。

⑤ **电机驱动连接口**　主控板自带4个电机驱动连接口OUT1～OUT4，分别对应于主控板的4～7号引脚控制的电机驱动芯片输出。当拨码开关推到ON时，对应的引脚只能控制所连电机，不能用作其他用途。

🏳 1.3.3　LED灯闪起来

Scraino拥有"舞台"和"代码"两种模式，单击 舞台 和 代码 进行切换。在舞台模式下，主要以图形化方式对Arduino进行编程，实现舞台角色与Arduino的互动；在代码模式下，可以将图形化编程脚本自动生成Arduino语言代码，上传到Arduino控制器并可以脱离计算机运行。要想让LED灯闪起来，需要使用代码模式，如下图。

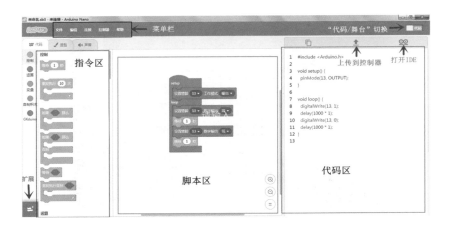

选择"添加扩展",将果壳智造空间扩展添加到指令分类区,指令分类区中将增加一个"GKduino"的指令分类,如下图。

设计一个程序,实现板载13号灯每隔1秒闪烁一次的效果。

拿起主控板,将主控板用数据线连在电脑主机的USB插口上。

设计程序如下图所示。

选择Arduino Uno控制器。

选择合适的COM口，本书所用的为COM3。

点击上传至控制器。

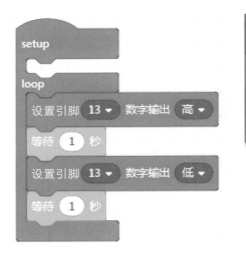

```
1    #include <Arduino.
2
3    void setup() {
4    }
5
6    void loop() {
7     digitalWrite(13, 1);
8     delay(1000 * 1);
9     digitalWrite(13, 0);
10    delay(1000 * 1);
11 }
12
```

等待编译，显示上传成功，就可以看到闪烁效果。

提示　串口的选择

右键单击计算机（或我的电脑）选择"属性"，在弹出的"系统"窗口中选择"设备管理器"，展开"端口（COM和LPT）"，找到带有"USB-SERIAL CH340"的串口号，不同的计算机对应不同的串口号，本书为COM3。

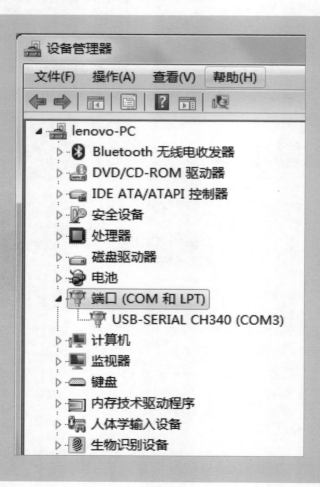

1.4　第一个互动程序

设计第一个互动小程序，程序的功能是一头熊在舞台上来回走动，当碰到舞台的边缘，13号板载灯亮1秒。

🚩 1.4.1　添加新角色

切换到舞台界面 舞台 ，删除小猫角色，单击选择一个角色。

在跳出的对话框中选择"Animals"文件夹，找到"Bear-walking"文件。这时，舞台上出现了一头熊。如下图所示。

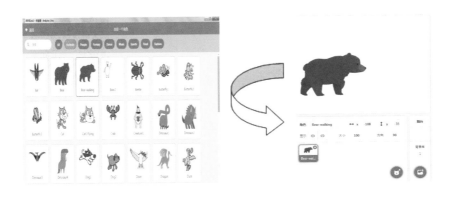

🚩 1.4.2 编写脚本

最终程序脚本如下图。

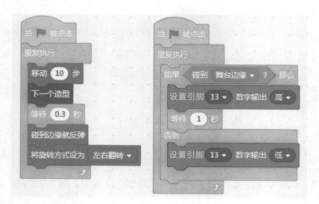

🚩 1.4.3 测试程序

①选择Arduino Uno控制器。

②选择合适的COM3。

③单击"编辑"，选择安装交互固件。

等待上传成功。第一次使用交互功能需要安装，再次使用软件的交互功能，不需安装。

④单击绿旗 ▶■●，就可以看到互动效果。

微信扫码 ◀
观看展示视频

🚩 1.4.4 保存和打开程序

一定要养成随时保存程序的习惯，Scraino保存的文件扩展名为".sb3"。保存后的文件可以通过双击文件名打开，也可以通过Scraino软件"文件"中的"打开"功能来打开。

第2章

感受人机交互 ▼

⠿ 2.1 一盏小灯初交互

果果：按下和松开按键就能控制灯的亮灭，那在我们的互动媒体中如何实现舞台上的小灯和板载小灯的交互呢？

可可：不着急，跟着我一步一步地操作，就可以轻松完成第一个交互任务！

⚑ 2.1.1 创设情境

（1）想一想

任务发布	所需角色	舞台背景	设计思路
板载13号小灯每隔1秒闪烁。舞台界面上小灯每隔1秒分别显示亮与不亮	小灯	无	第1步：连接硬件 第2步：在舞台界面绘制小灯角色并保存 第3步：导入"小灯"角色 第4步：搭建"小灯"角色脚本 第5步：互动测试

（2）学一学

项目所用到的积木如下。

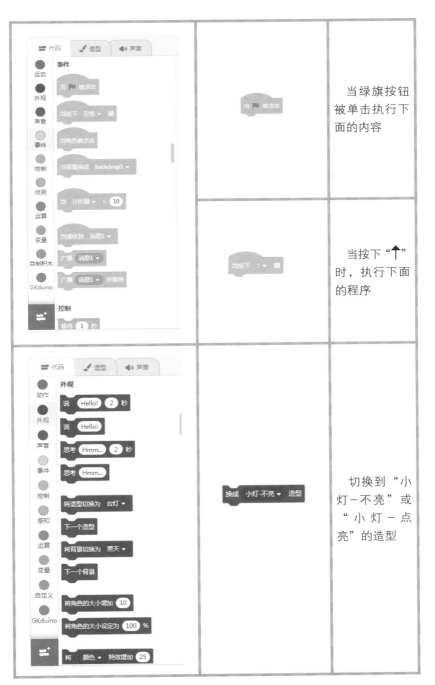

		当绿旗按钮被单击执行下面的内容
		当按下"↑"时，执行下面的程序
		切换到"小灯–不亮"或"小灯–点亮"的造型

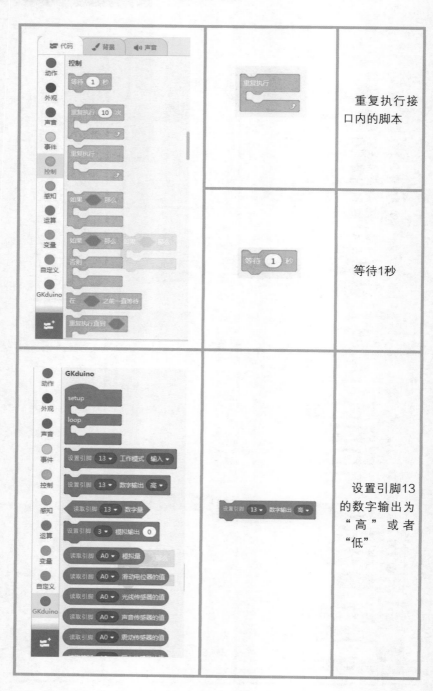

	重复执行	重复执行接口内的脚本
	等待 1 秒	等待1秒
	设置引脚 13 ▼ 数字输出 高 ▼	设置引脚13的数字输出为"高"或者"低"

🚩 2.1.2 小试身手——点亮第一盏小灯

2.1.2.1 硬件连接 ///

（1）模块清单

实物图	
模块名称	板载13号LED小灯
模块数量	1

（2）连一连

将主控板与电脑连接，找一找板载13号LED小灯的位置。

如下图所示。

2.1.2.2 互动设计

（1）创建背景和角色

① 使用舞台原有白色背景。

② 绘制"小灯"角色

    a. 首先绘制"小灯-不亮"造型。

    b. 绘制"小灯-点亮"造型，并填充颜色。

（2）搭建脚本

搭建"小灯"角色脚本。

角色	代码	功能描述
小灯 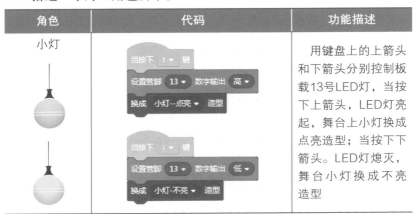		用键盘上的上箭头和下箭头分别控制板载13号LED灯，当按下上箭头，LED灯亮起，舞台上小灯换成点亮造型；当按下下箭头。LED灯熄灭，舞台小灯换成不亮造型

（3）互动展示

扫二维码观看展示视频。

▶ 微信扫码 ◀
观看展示视频

🚩 2.1.3　互动升级——板载LED小灯闪起来

2.1.3.1　硬件连接 ///

（1）连一连

硬件连接方式同"点亮第一盏小灯"。

（2）想一想

在"点亮第一盏小灯"中，只是将灯点亮，如何实现外接LED灯每隔1秒闪烁呢？

2.1.3.2　互动设计 ///

（1）创建背景和角色

背景和角色与"点亮第一盏小灯"相同。

（2）搭建脚本

搭建"小灯"角色脚本。

角色	代码	功能描述
小灯 		当绿旗被点击时，板载小灯每隔1秒闪烁。 舞台上小灯每隔1秒分别显示亮与不亮的造型

（3）互动展示

扫二维码观看展示视频。

▶ 微信扫码 ◀
观看展示视频

🚩 2.1.4　头脑风暴

方案	硬件模块	方案详情
1	板载LED小灯	重新设计一个背景、角色，做一个闪烁警灯的互动效果
2	板载LED小灯	绘制一艘轮船，使用LED小灯设计SOS求救信号灯的交互
3	……	……

2.2 小猫互动显身手

果果：互动媒体究竟能给我们带来怎样的奇妙世界呢？

可可：我们连接LED小灯和按键让小猫互动显身手吧！

⚐ 2.2.1 创设情境

（1）想一想

任务发布	所需角色	舞台背景	设计思路
每次按下按键，碰到边缘后，LED灯亮起1秒，小猫移动10步，碰到边缘左右翻转并发出"Meow"	小猫	无	第1步：连接硬件 第2步：搭建"小猫"角色脚本 第3步：互动测试

（2）学一学

项目所用到的积木如下。

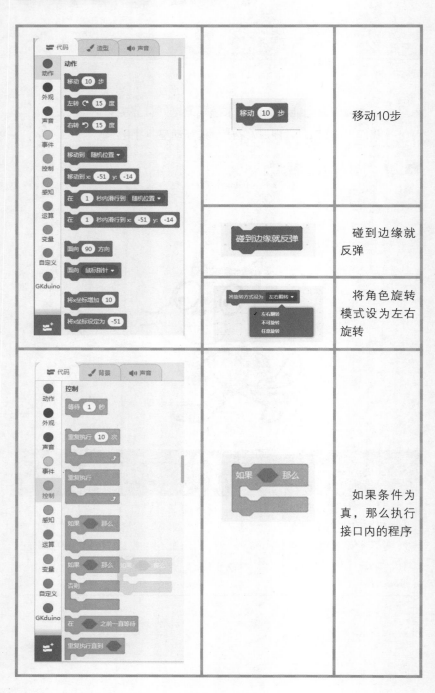

	移动10步	移动10步
	碰到边缘就反弹	碰到边缘就反弹
	将角色旋转模式设为左右翻转	将角色旋转模式设为左右旋转
	如果 那么	如果条件为真,那么执行接口内的程序

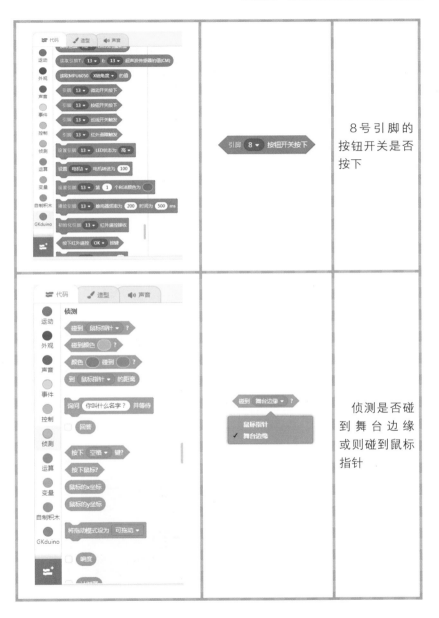

| | 引脚 8 ▼ 按钮开关按下 | 8号引脚的按钮开关是否按下 |
| | 碰到 舞台边缘 ▼ ？ / 鼠标指针 / ✓ 舞台边缘 | 侦测是否碰到舞台边缘或则碰到鼠标指针 |

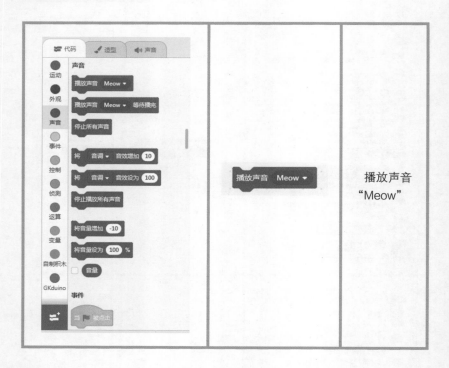

播放声音 Meow ▾

播放声音 "Meow"

🚩 2.2.2 小试身手——小猫互动显身手

2.2.2.1 硬件连接 //

（1）模块清单

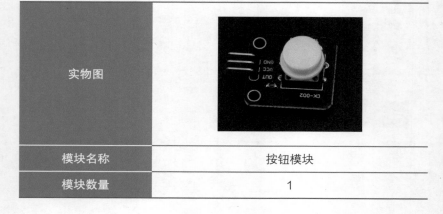

实物图	
模块名称	按钮模块
模块数量	1

（2）连一连

将黄色按键与主控板连接。

主控板	按钮模块	功能
5V（V）	VCC	电源正极
Gnd（G）	GND	电源负极
D8（S）	OUT	数字接口

如下图所示。

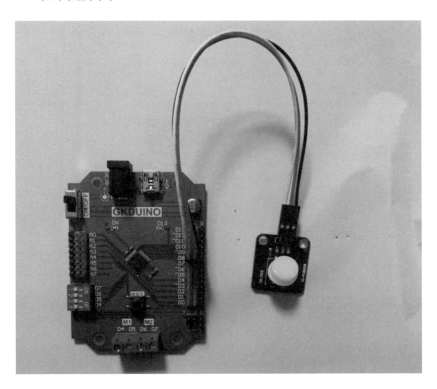

2.2.2.2 互动设计

（1）创建背景和角色

使用Scraino默认的小猫角色，无需其他角色和背景。

（2）搭建脚本

搭建"小猫"角色脚本。

角色	代码	功能描述
小猫		当绿旗被点击时，如果按下按键，小猫移动10步；小猫在舞台内来回走动，小猫碰到边缘翻转并广播"哎呀"

（3）互动展示

扫二维码观看展示视频。

▶ 微信扫码 ◀
观看展示视频

⚑ 2.2.3　互动升级——小猫互动游戏

2.2.3.1　硬件连接 //

（1）连一连

将黄色按键、红色LED灯与主控板连接。

主控板	黄色按键	红色LED灯	功能
5V（V）	VCC	VCC	电源正极
Gnd（G）	GND	GND	电源负极
D8（S）	OUT		数字接口
D10（S）		IN	数字接口

如下图所示。

（2）想一想

按钮模块每次按下按键小猫移动10步，碰到边缘后，如何让LED灯亮起1秒？小猫在界面内来回走动，碰到边缘如何让小猫左右翻转并发出声音"Meow"？

2.2.3.2 互动设计

（1）创建背景和角色

背景和角色设计与"小猫互动显身手"相同。

（2）搭建脚本

角色	代码	功能描述
小猫 		当绿旗被点击时，如果按下按键小猫移动10步，碰到边缘后，LED灯亮起1秒；如果小猫碰到舞台边缘，小猫左右翻转并发出声音"Meow"

（3）互动展示

扫二维码观看展示视频。

▶ 微信扫码 ◀
观看展示视频

🚩 2.2.4 头脑风暴

方案	硬件模块	方案详情
1	红色LED灯 黄色LED灯 绿色LED灯	小猫触碰不同颜色的路障，分别亮起红、黄、绿颜色的LED灯
2	红色按键 黄色按键 红色LED灯	当按下红色按键，小猫在舞台上向左走 当按下黄色按键，小猫在舞台上向右走 碰到边缘后，红色LED灯亮起1秒
....	....	....

2.3 魔法小猫巧变身

果果：我很喜欢变魔术，能不能用Scraino设计小猫变身的魔术？

可可：当然，我们使用按键模块可以轻松完成小猫变身的魔术互动项目。

⚑ 2.3.1 创设情境

（1）想一想

任务发布	所需角色	舞台背景	设计思路
按一下按键，小猫变大，再按一次按键，小猫变小	小猫	Party	第1步：连接硬件 第3步：导入"Party"舞台背景 第3步：搭建"小猫"角色脚本 第4步：互动测试

（2）学一学

项目所用到的积木如下。

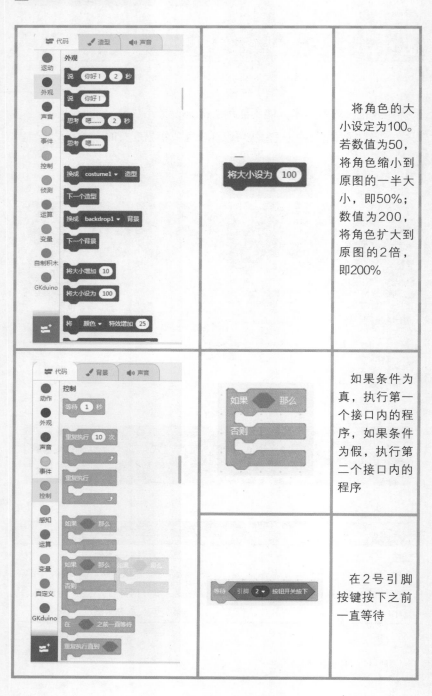

将角色的大小设定为100。若数值为50，将角色缩小到原图的一半大小，即50%；数值为200，将角色扩大到原图的2倍，即200%

如果条件为真，执行第一个接口内的程序，如果条件为假，执行第二个接口内的程序

在2号引脚按键按下之前一直等待

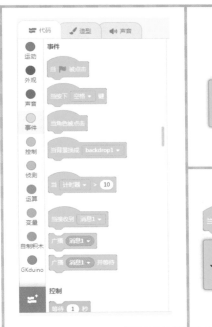

		发送"变大"或"变小"信息给所有角色及舞台
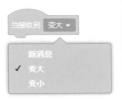		当接收到消息"变大"或"变小"则执行下面的内容

🏳 2.3.2 小试身手——魔法小猫

2.3.2.1 硬件连接 //

（1）模块清单

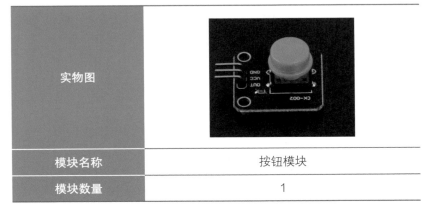

实物图	
模块名称	按钮模块
模块数量	1

（2）连一连

将绿色按键与主控板连接。

主控板	绿色按键	功能
5V（V）	VCC	电源正极
Gnd（G）	GND	电源负极
D2（S）	IN	数字接口

如下图所示。

2.3.2.2 互动设计 ///

（1）创建背景和角色

① 从系统背景库中选择"Party"。

② 使用Scraino默认小猫角色。

（2）搭建"小猫"角色脚本

角色	代码	功能描述
小猫 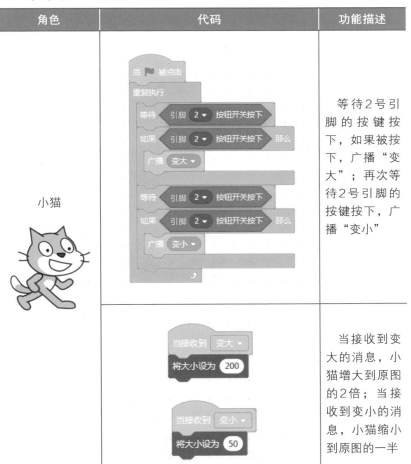		等待2号引脚的按键按下，如果被按下，广播"变大"；再次等待2号引脚的按键按下，广播"变小"
		当接收到变大的消息，小猫增大到原图的2倍；当接收到变小的消息，小猫缩小到原图的一半

（3）互动展示

扫二维码观看展示视频。

▶ 微信扫码 ◀
观看展示视频

⚑ 2.3.3 互动升级——魔法小猫巧变身

2.3.3.1 硬件连接 //

（1）连一连

将绿色按键、黄色按键分别与主控板连接。

主控板	绿色按键	黄色按键	功能
5V（V）	VCC	VCC	电源正极
Gnd（G）	GND	GND	电源负极
D2（S）	OUT		数字接口
D4（S）		OUT	数字接口

如下图所示。

（2）想一想

　　在"魔法小猫"中，只是用一个按键模块实现小猫变身，如何才能实现两个按键模块，一个让小猫变大，另一个让小猫变小呢？

2.3.3.2 互动设计 //

（1）创建背景和角色

背景和角色设计与"魔法小猫"相同。

（2）搭建"小猫"角色脚本

角色	代码	功能描述
小猫	当 ▐ 被点击 重复执行 　如果　引脚 2 ▾ 按钮开关按下　那么 　　广播 变大 ▾ 　如果　引脚 4 ▾ 按钮开关按下　那么 　　广播 变小 ▾ 当接收到 变大 ▾ 将大小设为 200 当接收到 变小 ▾ 将大小设为 50	按一下2号引脚的按键，广播"变大"，当接收到变大的消息，小猫增大到原图的2倍，按一下4号引脚的按键，广播"变小"，当接收到变小的消息，小猫缩小到原图的一半

（3）互动展示

扫二维码观看展示视频。

▶ 微信扫码 ◀
观看展示视频

2.3.4 头脑风暴

方案	硬件模块	方案详情
1	红色按键 绿色按键 黄色按键	按下绿色按键，小猫变大 按下黄色按键，小猫变小 按下红色按键，小猫还原
2	绿色按键 红色LED灯	按一次绿色按键，小猫变大，红色LED闪烁1秒；再按一次按键，小猫变小，红色LED闪烁2秒
3	……	……

2.4 调速风车随心转

果果：今天天气太热了！看，明明手里拿着一个手持风扇呢?

可可：我们有Scraino呢？一起来创作属于自己的特色小风扇和风车的互动项目，清凉一下吧。

2.4.1 创设情境

（1）想一想

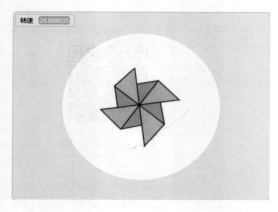

任务发布	所需角色	舞台背景	设计思路
风车向左旋转的速度会随着旋钮电位器的数值变化而调整	风车	Light	第1步：连接硬件 第2步：导入"Light"背景 第3步：绘制"风车"角色 第4步：搭建"风车"角色脚本 第5步：互动测试

（2）学一学

项目所用到的积木如下。

	创建一个自命名的变量，如转速变量
	将转速变量的值设定为0
	转速变量的值

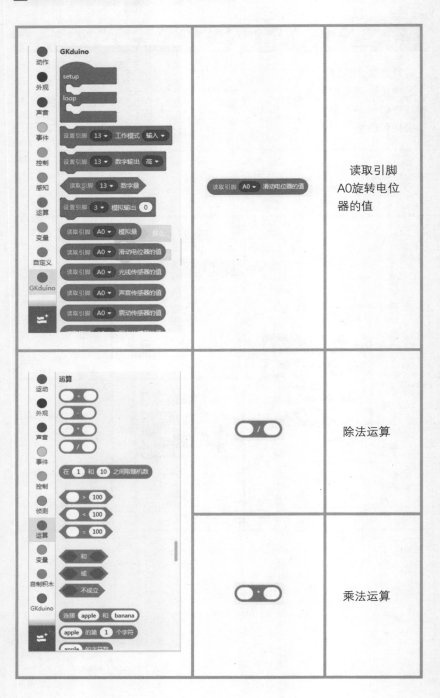

		读取引脚 A0旋转电位 器的值
		除法运算
		乘法运算

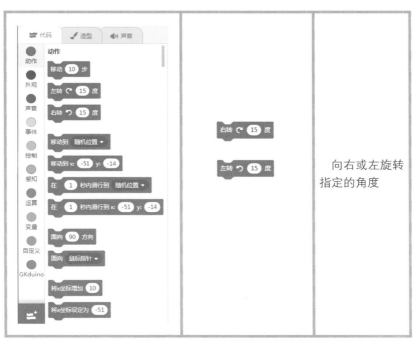

| | 右转 ↻ 15 度

左转 ↺ 15 度 | 向右或左旋转
指定的角度 |

▶ 2.4.2 小试身手——让风车转起来

2.4.2.1 硬件连接 //

（1）模块清单

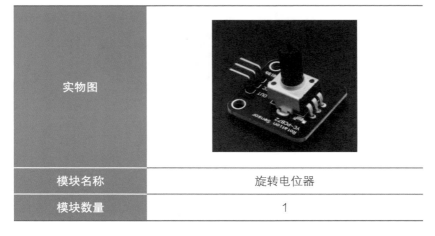

实物图	
模块名称	旋转电位器
模块数量	1

（2）连一连

将旋转电位器与主控板连接。

主控板	旋转电位器	功能
5V（V）	VCC	电源正极
Gnd（G）	GND	电源负极
A1（S）	OUT	模拟接口

如下图所示。

2.4.2.2 互动设计

（1）创建背景和角色

① 从系统背景库中选择"Light"。

② 绘制"风车"角色，并填充颜色。

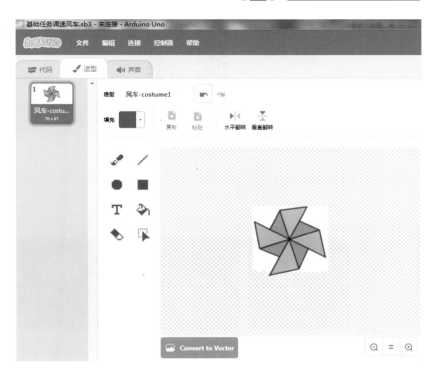

（2）搭建"风车"角色脚本

角色	代码	功能描述
风车		当绿旗被点击时，把A1端口读取的数值除以1023后再乘以30并赋给变量"转速"，使变量"转速"的取值范围为0～30。风车向左旋转的速度会随着旋钮电位器的数值变化而调整

（3）互动展示

扫二维码观看展示视频。

⚑ 2.4.3　互动升级——转动方向我做主

2.4.3.1　硬件连接 ///

（1）模块清单

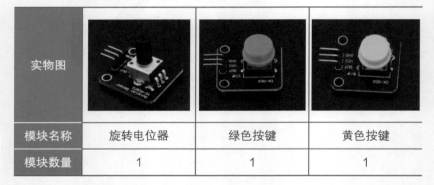

实物图			
模块名称	旋转电位器	绿色按键	黄色按键
模块数量	1	1	1

（2）连一连

将旋转电位器、绿色按键、黄色按键与主控板连接。

主控板	旋转电位器	绿色按键	黄色按键	功能
5V（V）	VCC			电源正极
Gnd（G）	GND			电源负极
A1（S）	OUT			模拟接口
D2（S）		OUT		数字接口
D4（S）			OUT	数字接口

如下图所示。

（3）想一想

在风车旋转过程中，风车只能顺时针或逆时针旋转，如何才能控制风车的旋转方向呢？

2.4.3.2 互动设计 //

（1）创建背景和角色

背景和角色设计与"让风车转起来"相同。

（2）搭建"风车"角色脚本

角色	代码	功能描述
风车 		当绿旗被点击时，把A1端口读取的数值除以1023后在乘以30并赋给变量"转速"，使变量"转速"的取值范围为0～30。按下绿色（D2）按键，风车的向左旋转的速度会随着旋钮电位器的数值变化而调整。按下黄色（D4）按键，风车的向左旋转的速度会随着旋钮电位器的数值变化而调整

（3）互动展示

扫二维码观看展示视频。

▶ 微信扫码 ◀
观看展示视频

🚩 2.4.4 头脑风暴

方案	硬件模块	方案详情
1	旋转电位器	导入一个动物（兔子）角色，使用旋转电位器，使角色在舞台上来回走动
2	旋转电位器 绿色按键 红色按键	设计一个故事（龟兔赛跑）或游戏，用旋转电位器来控制一个角色的移动，用绿色按键和红色按键分别控制另一个角色的移动
3	……	……

2.5　娃娃跳舞旋律美

果果：娃娃随着歌声跳舞的小动画真是美丽，如果增加一些互动效果就更生动了！

可可：当然，我们使用按键和蜂鸣器就可以完成娃娃跟着伴奏起舞的互动效果。

🚩 2.5.1　创设情境

（1）想一想

任务发布	所需角色	舞台背景	设计思路
当按下按键，开始播放音乐，随着音乐的响起，角色变换不同的造型，实现小女孩跳舞的效果，调节旋钮可以调节音乐的音量	跳舞的小女孩	舞台	第1步：连接硬件 第2步：导入舞台背景 第3步：导入"小女孩"角色 第4步：搭建"小女孩"的脚本 第5步：互动测试

（2）学一学

项目所用到的积木如下。

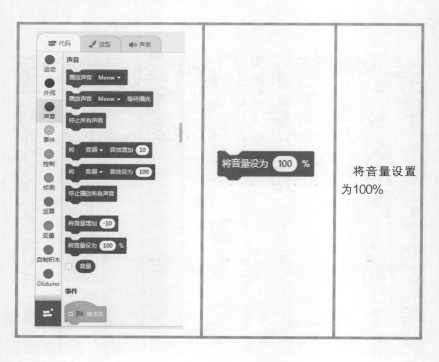

	将音量设为 100 %	将音量设置为100%

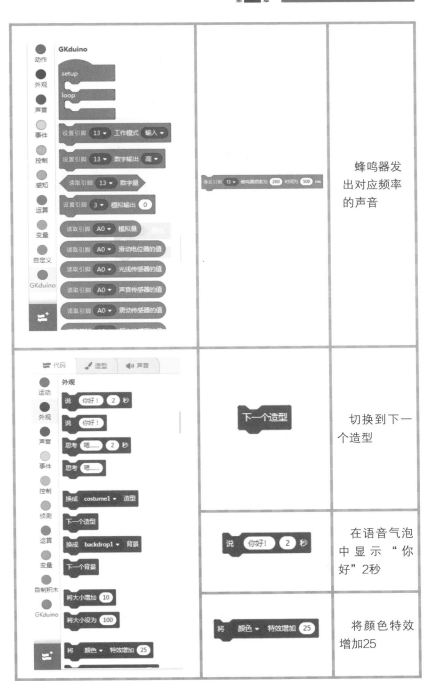

		蜂鸣器发出对应频率的声音
		切换到下一个造型
		在语音气泡中显示"你好"2秒
		将颜色特效增加25

⚑ 2.5.2 小试身手——娃娃跳舞

2.5.2.1 硬件连接 //

（1）模块清单

实物图	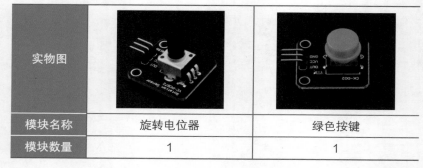	
模块名称	旋转电位器	绿色按键
模块数量	1	1

（2）连一连

将按键、旋转电位器连接到主控板上。

主控板	绿色按键	旋转电位器	功能
5V（V）	VCC	VCC	电源正极
Gnd（G）	GND	GND	电源负极
D2（S）	OUT		数字接口
A0（S）		OUT	模拟接口

如下图所示。

2.5.2.2 互动设计 //

（1）创建背景和角色

① 从系统背景库中选择"Theater"，并修改为"舞台"。

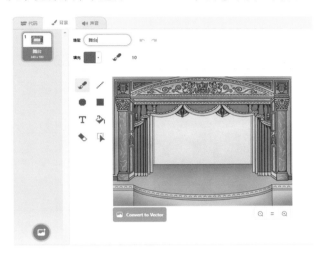

② 从系统的角色库中选择"Ballerina"并修改为"跳舞的小女孩"。

（2）搭建"跳舞的小女孩"角色脚本

角色	代码	功能描述
跳舞的小女孩 	当 ▶ 被点击 重复执行 　如果 〈 引脚 2 ▼ 按钮开关按下 〉那么 　　播放声音 Dance Around ▼ 　　重复执行 　　　下一个造型 　　　等待 0.2 秒 当 ▶ 被点击 重复执行 　将音量设为 读取引脚 A0 ▼ 滑动电位器的值 / 1023 × 100 %	当绿旗被点击时，如果按下2号引脚的绿色按键，开始播放音乐，随着音乐的响起，角色变换不同的造型，实现小女孩跳舞的效果，调节旋转电位器可以调节音乐的音量

（3）互动展示

扫二维码观看展示视频。

▶ 微信扫码 ◀
观看展示视频

🚩 2.5.3　互动升级——弹奏伴舞

2.5.3.1　硬件连接 //

（1）连一连

将红色按键、绿色按键、黄色按键和蜂鸣器与主控板连接。

主控板	绿色按键	黄色按键	红色按键	蜂鸣器	功能
5V（V）	VCC	VCC	VCC	VCC	电源正极
Gnd（G）	GND	GND	GND	GND	电源负极
D2（S）	OUT				数字接口
D4（S）		OUT			数字接口

续表

主控板	绿色按键	黄色按键	红色按键	蜂鸣器	功能
D6（S）			OUT		数字接口
D13（S）				S	数字接口

如下图所示。

（2）想一想

在"娃娃跳舞"中，娃娃是伴随着音乐跳舞，不能实现自己给娃娃伴奏，如何通过按键实现与娃娃跳舞的互动效果呢？

2.5.3.2　互动设计

（1）创建背景和角色

① 背景和角色设计与"娃娃跳舞"相同。

② 绘制"音符"角色，把事先准备的"音符"图片上传到角色区中，并改名为"音符"。

（2）搭建脚本

① 搭建"跳舞的小女孩"角色脚本。

角色	代码	功能描述
跳舞的小女孩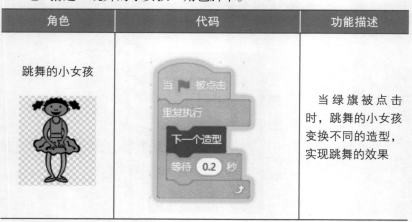		当绿旗被点击时，跳舞的小女孩变换不同的造型，实现跳舞的效果

② 搭建"音符"角色脚本。

角色	代码	功能描述
音符 		当绿旗被点击时，音符的颜色发生变化，大小为固定值100
		当绿旗被点击时，如果2号引脚的绿色按键被按下时，音符会说"Do"并停留0.5秒，同时蜂鸣器发出"Do"的响声；当4号引脚的黄色按键被按下时，音符会说"Re"并停留0.5秒，同时蜂鸣器发出"Re"的响声当6号引脚的绿色按键被按下时，音符会说"Mi"并停留0.5秒，同时蜂鸣器发出"Mi"的响声

（3）互动展示

扫二维码观看展示视频。

▶ 微信扫码 ◀
观看展示视频

⚑ 2.5.4　头脑风暴

方案	硬件模块	方案详情
1	蜂鸣器	设计一个蜂鸣器演奏《小星星》的音乐，娃娃随音乐跳舞的动画
2	蜂鸣器 红色按键 绿色按键 黄色按键	设计类似钢琴弹奏，按下对应的按键，蜂鸣器响起来，实现通过按键弹奏《小星星》的效果

第**3**章

爱上智能家居 ▼

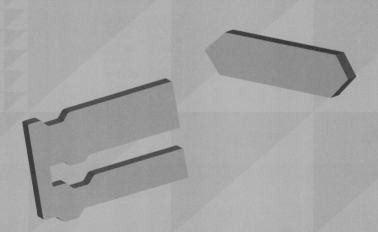

3.1 智能家居初感受

果果：现在的家居生活已经非常方便，能不能让家居生活更加智能化呢？

可可：使用按键和LED灯完成一个简单的开关房间灯的互动项目，先来感受智能家居生活。

🚩 3.1.1 创设情境

（1）想一想

任务发布	所需角色	舞台背景	设计思路
按下红色按键，切换"黑天"和"亮灯"的背景，同时显示或者隐藏"台灯"角色	台灯	黑天 亮灯	第1步：连接硬件 第2步：绘制"黑天"舞台背景 第3步：导入"亮灯"舞台背景 第4步：绘制"台灯"角色 第5步：搭建舞台背景脚本 第6步：搭建"台灯"角色脚本 第7步：互动测试

（2）学一学

项目所用到的积木如下。

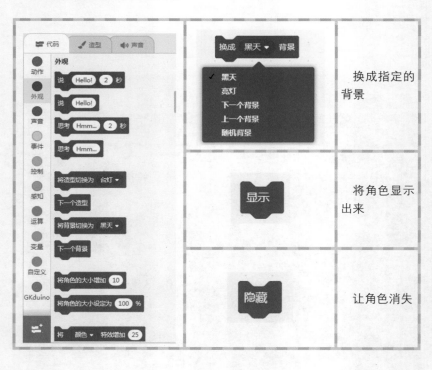

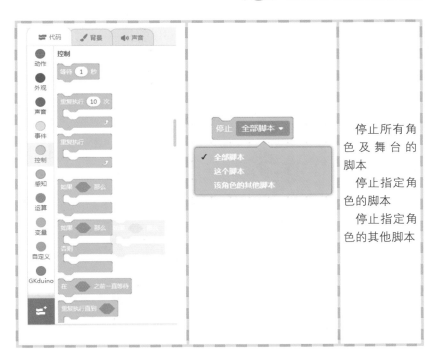

停止所有角色及舞台的脚本

停止指定角色的脚本

停止指定角色的其他脚本

🏳 3.1.2 小试身手——点亮你的房间

3.1.2.1 硬件连接 //

（1）模块清单

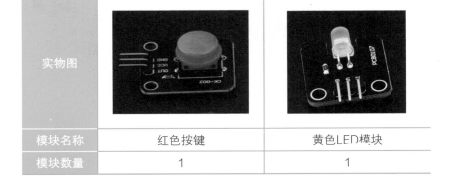

实物图		
模块名称	红色按键	黄色LED模块
模块数量	1	1

（2）连一连

将红色按键、黄色LED灯与主控板连接。

主控板	红色按键	黄色LED灯	功能
5V（V）	VCC	VCC	电源正极
Gnd（G）	GND	GND	电源负极
D2（S）	S		数字接口
D6（S）		IN	数字接口

如下图所示。

3.1.2.2 互动设计 ///

（1）创建背景和角色

① 绘制"黑天"舞台背景，从系统背景库中选择"bedroom"，并修改为"亮灯"。

② 绘制"台灯"角色，并填充颜色。

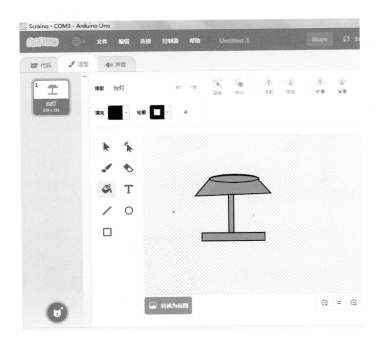

（2）搭建脚本

① 搭建"背景"脚本。

背景	代码	功能描述
黑天	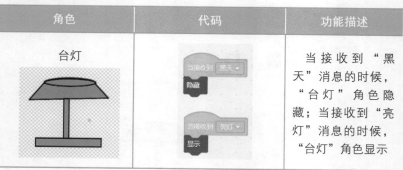	当绿旗被点击时，背景切换为"黑天"，如果红色按键被按下，广播"亮灯"，将背景切换为"亮灯"，点亮6号引脚的LED灯，停止全部；没有按下红色按键，广播"黑天"，将背景切换为"黑天"，熄灭6号引脚的LED灯
亮灯		

② 搭建"台灯"角色脚本。

角色	代码	功能描述
台灯		当接收到"黑天"消息的时候，"台灯"角色隐藏；当接收到"亮灯"消息的时候，"台灯"角色显示

（3）互动展示

扫二维码观看展示视频。

🚩 3.1.3　互动升级——自如开关灯

3.1.3.1　硬件连接 ///

（1）连一连

硬件连接方式同"点亮你的房间"。

（2）想一想

在"点亮你的房间"中，只是将房间点亮，显示了台灯，但是会一直保持"亮灯"的背景和LED灯常亮的状态，如何才能轻松自如实现按键开关灯的效果呢？

3.1.3.2　互动设计 ///

（1）创建背景和角色

背景和角色设计与"点亮你的房间"相同。

（2）搭建脚本

① 搭建"背景"脚本。

背景	代码	功能描述
黑天 亮灯		当绿旗被点击时，背景切换为"黑天"。 　　当按一下2号引脚的按键，广播"亮灯"消息，换成"亮灯"背景，黄色LED灯点亮；再按一下2号引脚的按键，广播"黑天"消息，换成"黑天"背景，黄色LED灯熄灭

② 搭建"台灯"角色脚本。

"台灯"角色脚本与"点亮你的房间"中"台灯"角色脚本相同。

（3）互动展示

扫二维码观看展示视频。

🚩 3.1.4 头脑风暴

方案	硬件模块	方案详情
1	红外遥控装置 红色LED灯 黄色LED灯 黄色LED灯	设计一个遥控台灯，按下不同的按键，不同颜色的LED灯亮起来，舞台相对应的台灯角色显示不同的颜色
2	红外遥控装置 蜂鸣器 红色LED灯	设计一个无线遥控门铃，按下对应的按键，蜂鸣器响起来，LED灯亮起来，舞台对应的门铃和灯的角色动起来，门角色由关闭变为打开
……	……	……

⬛ 3.2 感应门铃生活乐

果果：科技馆的玻璃门好神奇啊，有人靠近就会自动打开，我也想改造一下我们果壳空间的门！

可可：当然可以啦，使用人体红外传感器和LED灯配合就可以实现这个创意的想法。

⚑ 3.2.1 创设情境

（1）想一想

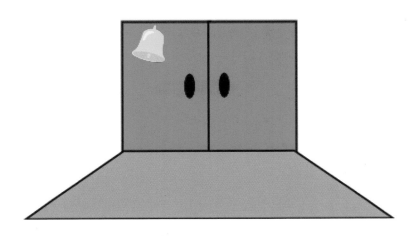

任务发布	所需角色	舞台背景	设计思路
当人体红外传感器被触发，门铃响，门被打开；没有触发，门关闭，门铃不响	门铃	开着门 关闭的门	第1步：连接硬件 第2步：绘制"开着门""关闭的门"舞台背景 第3步：导入"门铃"角色 第4步：搭建舞台背景脚本 第5步：搭建"门铃"角色脚本 第6步：互动测试

（2）学一学

项目所用到的新积木如下。

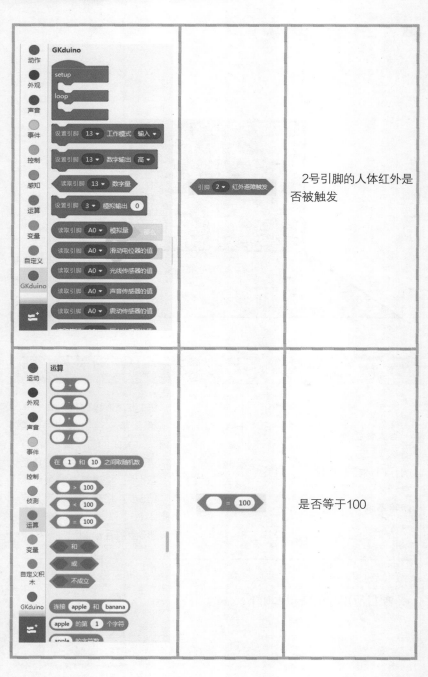

2号引脚的人体红外是否被触发

是否等于100

🚩 3.2.2 小试身手——智能开关门

3.2.2.1 硬件连接 //

（1）模块清单

实物图	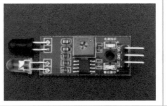	
模块名称	人体红外传感器	蜂鸣器
模块数量	1	1

（2）连一连

将人体红外传感器、蜂鸣器与主控板连接。

主控板	人体红外传感器	蜂鸣器	功能
5V（V）	VCC	VCC	电源正极
Gnd（G）	GND	GND	电源负极
D2（S）	OUT		数字接口
D13（S）		S	数字接口

如下图所示。

3.2.2.2 互动设计 //

（1）创建背景和角色

① 绘制"开着门""关闭的门"舞台背景，并调整至适合大小。

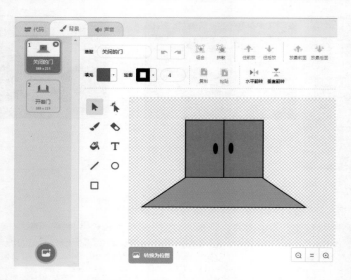

② 从系统角色库中选择"bell"，并修改为"门铃"。

（2）搭建脚本

① 搭建"背景"脚本。

背景	代码	功能描述
关闭的门 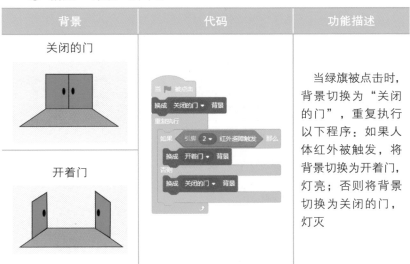 开着门		当绿旗被点击时，背景切换为"关闭的门"，重复执行以下程序：如果人体红外被触发，将背景切换为开着门，灯亮；否则将背景切换为关闭的门，灯灭

② 搭建"门铃"角色脚本。

角色	代码	功能描述
门铃 		当绿旗被点击时，如果人体红外被触发，换成门铃2的造型，蜂鸣器响；否则换成门铃1的造型，蜂鸣器不响

（3）互动展示

扫二维码观看展示视频。

▶ 微信扫码 ◀
观看展示视频

⚑ 3.2.3 互动升级——感应音乐门

3.2.3.1 硬件连接 //

（1）连一连

将人体红外传感器、红色LED灯、蜂鸣器与主控板连接。

主控板	人体红外传感器	红色LED灯	蜂鸣器	功能
5V（V）	VCC	VCC	VCC	电源正极
Gnd（G）	GND	GND	GND	电源负极
D2（S）	S			数字接口
D10（S）		IN		数字接口
D13(S)			S	数字接口

如下图所示。

（2）想一想

在"智能开关门"中，只是门铃响的同时门打开，如果门铃响的同时伴随着灯亮，门再打开，是不是更智能呢？

3.2.3.2 互动设计 //

（1）创建背景和角色

添加"灯"角色，其他背景、角色与"智能开关门"相同。

（2）搭建脚本

① 搭建"背景"脚本。

背景	代码	功能描述
关闭的门 开着门 		当绿旗被点击时，背景切换为"关闭的门"背景；当接收到"按动门铃"的消息时，将背景切换为"开着门"的造型；当接收到"门铃结束"的消息时，将背景切换为"关闭的门"造型

② 搭建"门铃"角色脚本。

角色	代码	功能描述
门铃 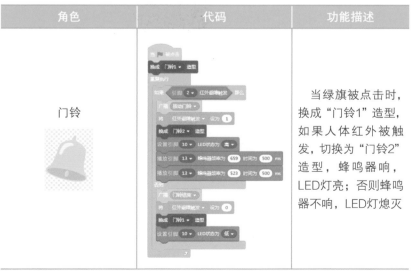		当绿旗被点击时，换成"门铃1"造型，如果人体红外被触发，切换为"门铃2"造型，蜂鸣器响，LED灯亮；否则蜂鸣器不响，LED灯熄灭

③ 搭建"灯"角色脚本。

角色	代码	功能描述
灯灭		当绿旗被点击时，换成"灯灭"造型，如果人体红外被触发，换成"灯亮"造型，否则换成"灯灭"造型
灯亮		

（3）互动展示

扫二维码观看展示视频。

▶ 微信扫码 ◀
观看展示视频

🚩 3.2.4 头脑风暴

方案	硬件模块	方案详情
1	人体红外传感器、舵机	设计红外自动升降闸机，当有人或者车经过时，抬杆放行
2	人体红外传感器、数码管	设计停车场计数器，当有车经过，计数加1
……	……	……

3.3　倒计时里忙抢答

果果：计时器这个功能在很多的家用电器中都有应用，能不能用Scraino设计一个进行简单的计时器呢？

可可：使用震动传感器和蜂鸣器设计一个不一样的倒计时互动项目吧。

🚩 3.3.1　创设情境

（1）想一想

任务发布	所需角色	舞台背景	设计思路
当晃动震动传感器，开始倒计时，当按下按键倒计时结束，播放声音	Heart	Hearts1	第1步：连接硬件 第2步：添加"Hearts1"舞台背景 第3步：添加一个"Heart"角色 第4步：搭建"Heart"角色的脚本 第5步：互动测试

（2）学一学

项目所用到的积木如下。

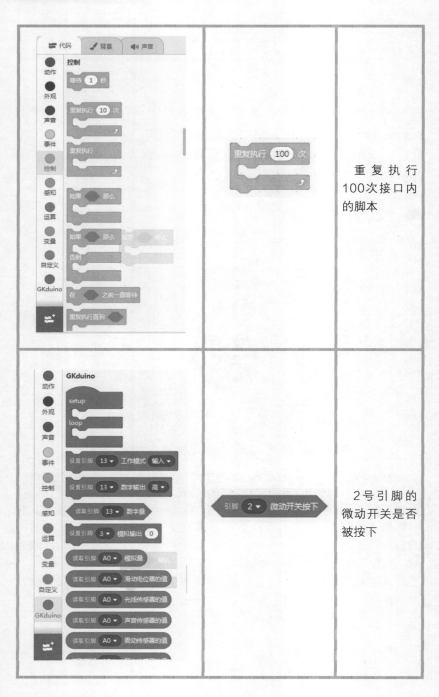

重复执行100次接口内的脚本

2号引脚的微动开关是否被按下

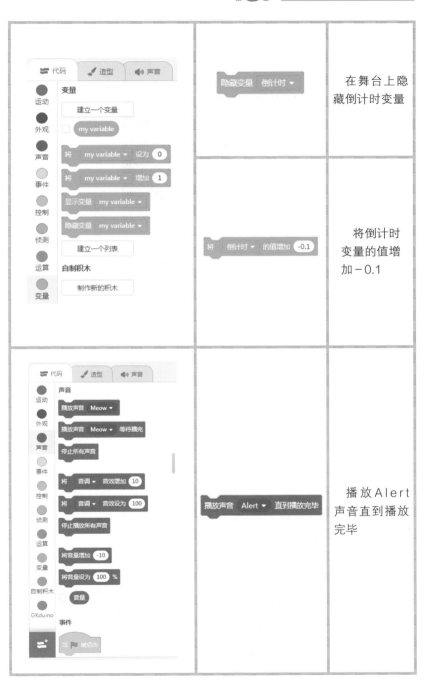

		在舞台上隐藏倒计时变量
		将倒计时变量的值增加－0.1
		播放Alert声音直到播放完毕

📕 3.3.2 小试身手——倒计时

3.3.2.1 硬件连接 //

（1）模块清单

实物图	
模块名称	震动传感器
模块数量	1

（2）连一连

将震动传感器与主控板连接。

主控板	震动传感器	功能
5V（V）	VCC	电源正极
Gnd（G）	GND	电源负极
D2（S）	OUT	数字接口

如下图所示。

3.3.2.2 互动设计 //

（1）创建背景和角色

① 从系统背景库中选择"Hearts1"。

② 从系统角色库中选择"Heart"。

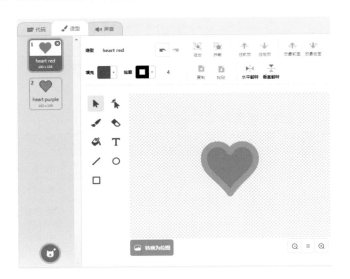

（2）搭建"Heart"角色脚本

角色	代码	功能描述
Heart	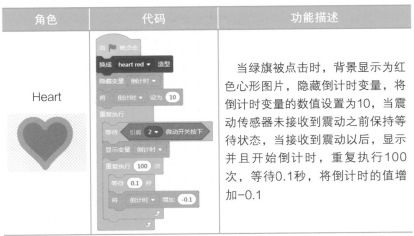	当绿旗被点击时，背景显示为红色心形图片，隐藏倒计时变量，将倒计时变量的数值设置为10，当震动传感器未接收到震动之前保持等待状态，当接收到震动以后，显示并且开始倒计时，重复执行100次，等待0.1秒，将倒计时的值增加−0.1

（3）互动展示

扫二维码观看展示视频。

📍 3.3.3 互动升级——倒计时抢答器

3.3.3.1 硬件连接 //

（1）连一连

将震动传感器、绿色按键与主控板连接。

主控板	震动传感器	绿色按键	功能
5V（V）	VCC	VCC	电源正极
Gnd（G）	GND	GND	电源负极
D2（S）	OUT		数字接口
D4（S）		OUT	数字接口

如下图：

（2）想一想

在"计时器"中，只是简单的倒计时，如何才能实现随时暂停计时器，同时报警的效果呢？

3.3.3.2 互动设计 //

（1）创建背景和角色

背景和角色设计与"倒计时"相同。

（2）搭建脚本

搭建"Heart"角色脚本。

角色	代码	功能描述
Heart 		在绿旗未被点击时，"Heart"角色显示"heart purple"，隐藏倒计时变量。当绿旗被点击的时候，"Heart"角色显示"heart red"，显示倒计时变量，将倒计时的数值设置为10，当震动传感器未接收到震动之前保持等待状态，当接收到震动以后，显示并且开始倒计时，重复执行100次，等待0.1秒，将倒计时的值增加-0.1。在倒计时的过程中，如果按下引脚4的绿色按键，那么"Heart"角色显示"heart purple"，并且播放声音，直到播放完毕

（3）互动展示

扫二维码观看展示视频。

▶ 微信扫码 ◀
观看展示视频

⚑ 3.3.4　头脑风暴

方案	硬件模块	方案详情
1	震动传感器 按键 蜂鸣器	对倒计时项目进行优化，添加一个硬件蜂鸣器，在倒计时结束或者按钮开关被按下时进行报警
2	震动传感器	设计一个流水线产品计数器项目，每次震动一次，产品的数量增加1
3	……	……

:: 3.4　小小害虫无处逃

果果：夏天的蚊虫很闹心，制作一款消灭蚊虫的小游戏，看看谁拍死的数量多！

可可：要仔细想想如何设计背景和角色，实现我们的预期效果！

⚑ 3.4.1　创设情境

（1）想一想

任务发布	所需角色	舞台背景	设计思路
光线传感器的数值低于一定的数值之后，背景变灰，害虫随机出现，按键按下拍子角色改变，碰到拍子，害虫消失，显示消灭害虫数量增加1	虫子 拍子	黑天 白天	第1步：连接硬件 第2步：导入"黑天""白天"舞台背景 第3步：导入"虫子""拍子"角色 第4步：搭建背景脚本 第5步：搭建角色脚本 第6步：互动测试

（2）学一学

项目所用到的积木如下。

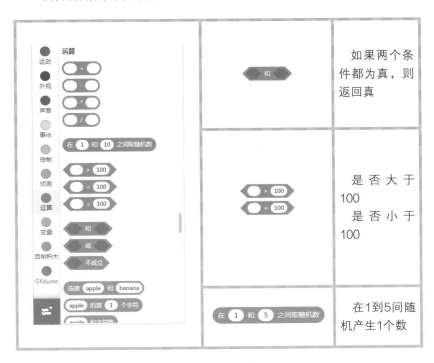

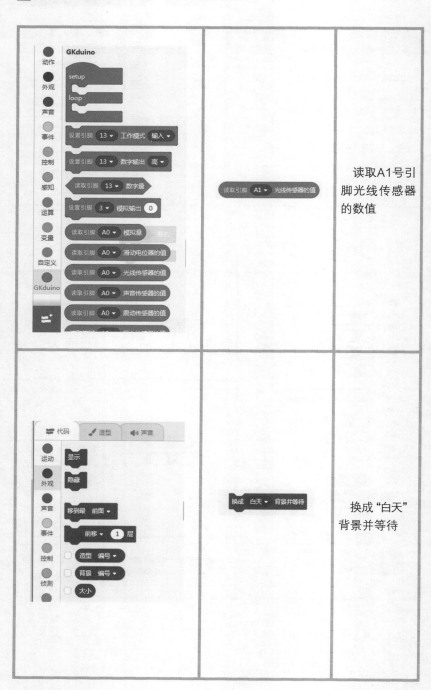

读取A1号引脚光线传感器的数值

换成"白天"背景并等待

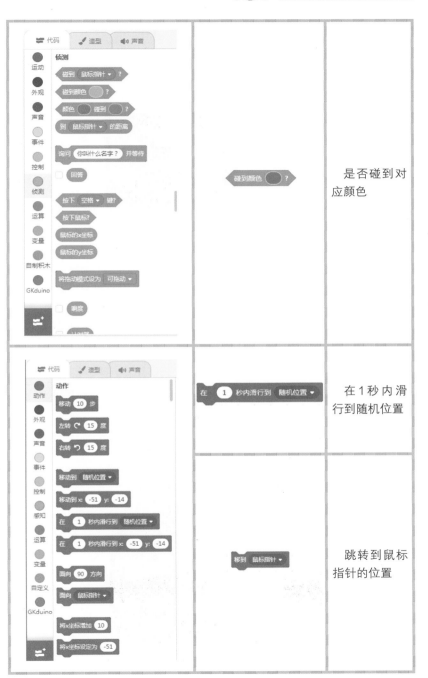

⚑ 3.4.2　小试身手——掌心中的四季

3.4.2.1　硬件连接 //

（1）模块清单

实物图	
模块名称	光线传感器
模块数量	1

（2）连一连

将光线传感器与主控板连接。

主控板	光线传感器	功能
5V（V）	VCC	电源正极
Gnd（G）	GND	电源负极
A1（S）	S	模拟接口

如下图：

3.4.2.2 互动设计 //

（1）创建背景

导入"春""夏""秋""冬"四季舞台背景，并调整大小至充满舞台。

（2）搭建脚本

搭建四季背景脚本。

背景	代码	功能描述
春 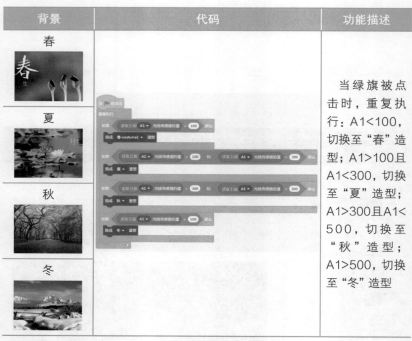 夏 秋 冬		当绿旗被点击时，重复执行：A1<100，切换至"春"造型；A1>100且A1<300，切换至"夏"造型；A1>300且A1<500，切换至"秋"造型；A1>500，切换至"冬"造型

（3）互动展示

扫二维码观看展示视频。

📍 3.4.3 互动升级——小小害虫无处逃

3.4.3.1 硬件连接 //

（1）模块清单

实物图		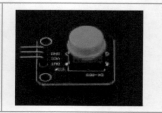

续表

模块名称	光线传感器	绿色按键
模块数量	1	1

（2）连一连

将光线传感器、绿色按键与主控板连接。

主控板	光线传感器	绿色按键	功能
5V（V）	VCC	VCC	电源正极
Gnd（G）	GND	GND	电源负极
A1（S）	S		模拟接口
D13（S）		OUT	数字接口

如下图：

（3）想一想

光线传感器数值低于一定的数值之后，背景变灰，同时害虫角色随机出现，如何才能实现按键按下时，拍子出现并跟随鼠标移动呢？

3.4.3.2 互动设计

（1）创建背景和角色

① 导入"白天""黑夜"两个舞台背景。

② 导入"苍蝇"角色。

导入"苍蝇拍-未打死"图片作为"苍蝇拍"角色造型1，导入"苍蝇拍-打死"图片作为"苍蝇拍"角色造型2。

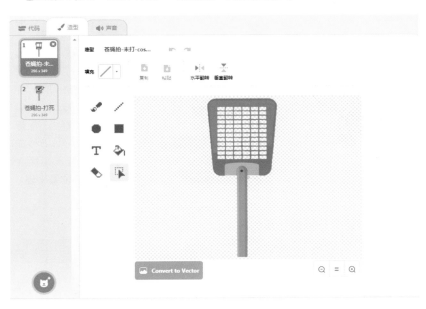

（2）搭建脚本

① 搭建背景脚本。

背景	代码	功能描述
白天  黑夜		当绿旗被点击的时候，背景切换为白天。当光线数值>500时，背景切换为黑夜，并广播"我来了"，如果光线数值≤500，背景换成白天并等待

② 搭建"苍蝇"角色脚本。

角色	代码	功能描述
苍蝇 		当背景为白天的时候，苍蝇隐藏。 当接收到广播"我来了"的时候，苍蝇出现，并且随处移动，如果碰到深绿色，苍蝇消失。在1~5秒随机时间内，苍蝇在舞台随机位置出现

③ 搭建"苍蝇拍"角色脚本。

角色	代码	功能描述
苍蝇拍-未打死 苍蝇拍-打死	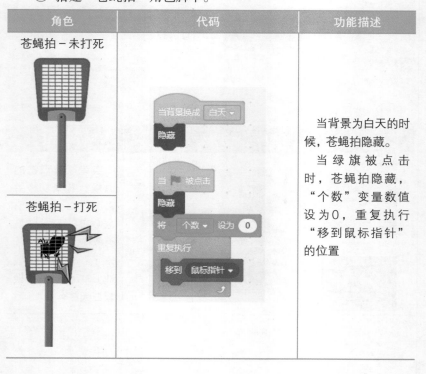	当背景为白天的时候，苍蝇拍隐藏。 当绿旗被点击时，苍蝇拍隐藏，"个数"变量数值设为0，重复执行"移到鼠标指针"的位置

续表

角色	代码	功能描述
苍蝇拍－未打死 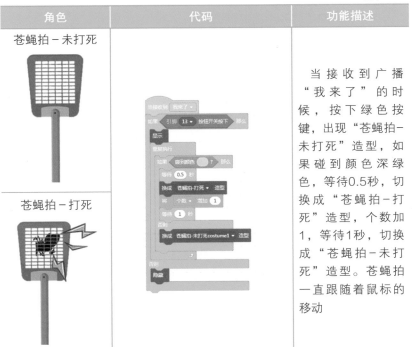		当接收到广播"我来了"的时候，按下绿色按键，出现"苍蝇拍－未打死"造型，如果碰到颜色深绿色，等待0.5秒，切换成"苍蝇拍－打死"造型，个数加1，等待1秒，切换成"苍蝇拍－未打死"造型。苍蝇拍一直跟随着鼠标的移动
苍蝇拍－打死		

（3）互动展示

扫二维码观看展示视频。

3.4.3.3 头脑风暴 //

方案	硬件模块	方案详情
1	光线传感器 红色LED灯	设计光控灯，当光线值低于一定数值时，LED灯亮起互动效果
2	光线传感器 蜂鸣器	设计一个光控无弦琴，蜂鸣器发出不同频率的声音，"弹奏"音乐
……	……	……

⊞ 3.5 温度警示益处多

果果：我们都很熟悉温度计，是否能使用温度传感器与小灯、蜂鸣器来帮助我们对温度过高进行警示？

可可：下面，让我们一起仔细探究，走入温度传感的互动世界中。

⚑ 3.5.1 创设情境

（1）想一想

任务发布	所需角色	舞台背景	设计思路
随着温度的变化，点亮不同颜色的灯	温度计	Brick Wall 2	第1步：连接硬件 第2步：导入"Brick Wall 2"舞台背景 第3步：导入"温度计"角色 第4步：搭建测试温度的脚本 第5步：互动测试

（2）学一学

　　项目所用到的积木如下。

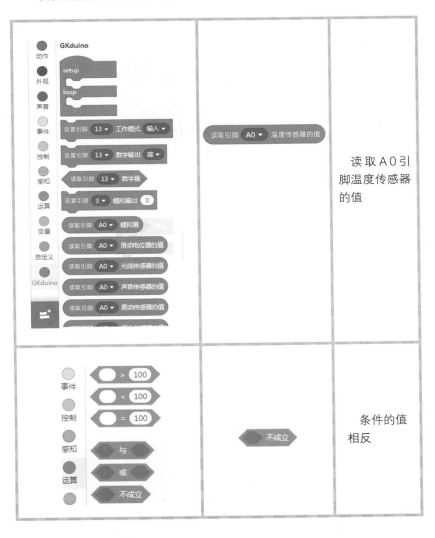

3.5.2 小试身手——侦测温度

3.5.2.1 硬件连接 //

（1）模块清单

实物图	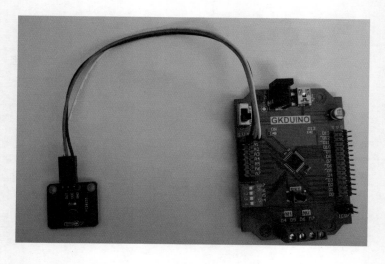
模块名称	温度传感器
模块数量	1

（2）连一连

将温度传感器连接到主控板上。

主控板	温度传感器	功能
5V（V）	VCC	电源正极
Gnd（G）	GND	电源负极
A0（S）	OUT	模拟接口

如下图：

3.5.2.2 互动设计 //

（1）创建背景和角色

① 从系统背景库中选择"Brick wall2"。

② 添加"温度计"的角色，从本地文件中选择温度计的造型，上传角色。

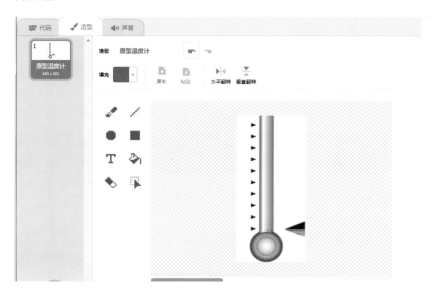

（2）搭建脚本

搭建"温度计"角色脚本。

角色	代码	功能描述
温度计 	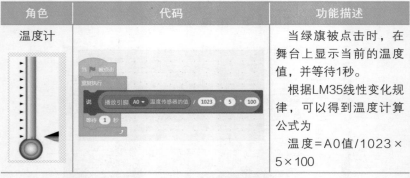	当绿旗被点击时，在舞台上显示当前的温度值，并等待1秒。 根据LM35线性变化规律，可以得到温度计算公式为 温度＝A0值/1023×5×100

（3）互动展示

扫二维码观看展示视频。

3.5.3 互动升级——点亮多彩小灯

3.5.3.1 硬件连接 ///

（1）连一连

将红色LED小灯、绿色LED小灯、蓝色LED小灯、蜂鸣器连接到主控板上。

主控板	绿色LED小灯	蓝色LED小灯	红色LED小灯	蜂鸣器	功能
5V（V）	VCC	VCC	VCC	VCC	电源正极
Gnd（G）	GND	GND	GND	GND	电源负极
D2（S）	IN				数字接口
D4（S）		IN			数字接口
D6（S）			IN		数字接口
D13(S)				S	数字接口

如下图：

（2）想一想

在"侦测温度"中，已经读取到温度值，不断变化的温度值能不能和多个LED灯进行互动？

3.5.3.2 互动设计

（1）创建背景和角色

① 从系统背景库中选择"Bedroom 2"。

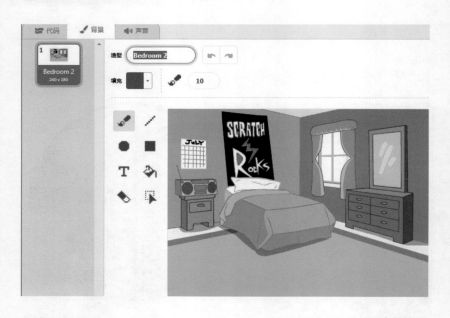

② 导入"灯"角色，并修改三个造型名称为"红灯""蓝灯""绿灯"。

（2）搭建"灯"角色脚本

角色	代码	功能描述
红灯 蓝灯 绿灯	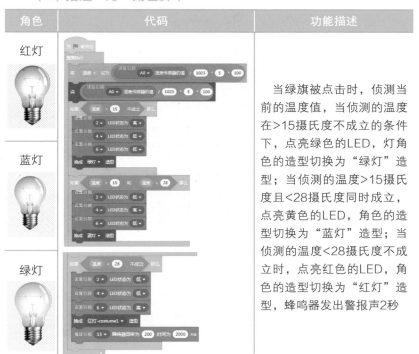	当绿旗被点击时，侦测当前的温度值，当侦测的温度在>15摄氏度不成立的条件下，点亮绿色的LED，灯角色的造型切换为"绿灯"造型；当侦测的温度>15摄氏度且<28摄氏度同时成立，点亮黄色的LED，角色的造型切换为"蓝灯"造型；当侦测的温度<28摄氏度不成立时，点亮红色的LED，角色的造型切换为"红灯"造型，蜂鸣器发出警报声2秒

（3）互动展示

扫二维码观看展示视频。

▶ 微 信 扫 码 ◀
观看展示视频

🚩 **3.5.4　头脑风暴**

方案	硬件模块	方案详情
1	温度传感器 蜂鸣器	设计一个穿衣指南，当侦测的温度过高或者过低就会提醒合适穿衣
2	温度传感器 小风扇模块	设计智能风扇，不同的温度下，电机的转速不同，舞台上的小风叶的转速也不同
3	……	……

第 **4** 章

趣味游戏设计 ▼

:: 4.1 疯狂赛车跑跑跑

果果：我的梦想是当一名赛车手，在赛场上叱咤风云，多威风呀！

可可：太棒了！我们可以在Scraino中利用声音传感器和滑杆模拟赛车跑跑跑！

⚑ 4.1.1 创设情境

（1）想一想

任务发布	所需角色	舞台背景	设计思路
连接声音传感器，根据声音的大小控制舞台上汽车的速度	红色赛车	黑天	第1步：连接硬件 第2步：导入"黑天"舞台背景 第3步：导入"红色赛车"角色 第4步：搭建"红色赛车"角色脚本 第5步：互动测试

（2）学一学

项目所用到的积木如下。

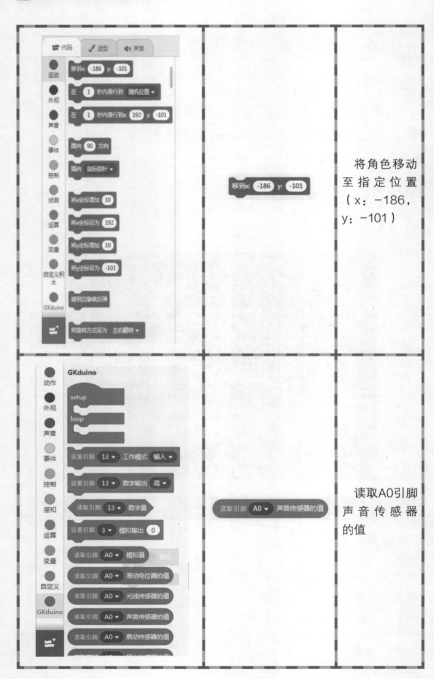

将角色移动至指定位置（x：-186，y：-101）

读取A0引脚声音传感器的值

⚑ 4.1.2 小试身手——小小赛车动起来

4.1.2.1 硬件连接 //

（1）模块清单

实物图	
模块名称	声音传感器
模块数量	1

（2）连一连

将声音传感器与主控板连接。

主控板	声音传感器	功能
5V（V）	VCC	电源正极
Gnd（G）	GND	电源负极
AO（S）	OUT	模拟接口

如下图：

4.1.2.2 互动设计 //

（1）创建背景和角色

① 导入"黑天"背景，并调整大小至充满舞台。

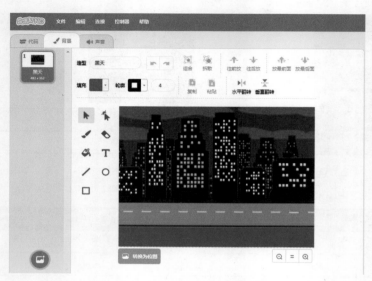

② 导入"红色赛车"角色，并调整至适宜大小。

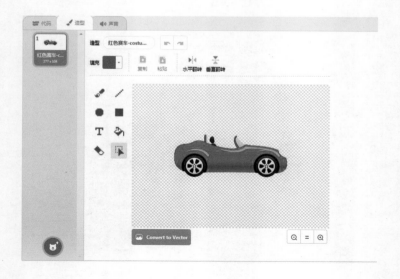

（2）搭建"红色赛车"角色脚本

角色	代码	功能描述
红色赛车 	当 ▶ 被点击 移到x: -200 y: -101 重复执行 移动 读取引脚 A0 ▼ 声音传感器的值 步 将旋转方式设为 左右翻转 ▼ 碰到边缘就反弹	当绿旗被点击时，"红色赛车"移动至舞台上公路的左侧。小车以读取到的声音传感器的数值作为步数，碰到舞台边缘小车转身

（3）互动展示

扫二维码观看展示视频。

▶ 微信扫码 ◀
观看展示视频

▶ 4.1.3 互动升级——疯狂赛车跑跑跑

4.1.3.1 硬件连接 ///

（1）连一连

将声音传感器、滑杆与主控板连接。

主控板	声音传感器	滑杆	功能
5V（V）	VCC	VCC	电源正极
Gnd（G）	GND	GND	电源负极
AO（S）	OUT		模拟接口
A2（S）		S	模拟接口

如下图：

（2）想一想

在"小小赛车动起来"中，只是实现了让一辆赛车跑起来，怎样才能让两辆赛车一决高下呢？

4.1.3.2 互动设计 //

（1）创建背景和角色

① 背景与"小小赛车动起来"相同。

② 在"小小赛车动起来"角色基础上，增加"蓝色赛车"和"倒计时"角色。

　　a.从本地导入"蓝色赛车"角色。

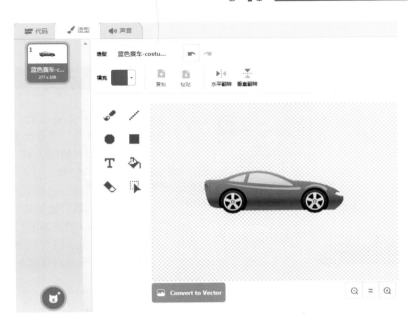

b.绘制"倒计时"角色。

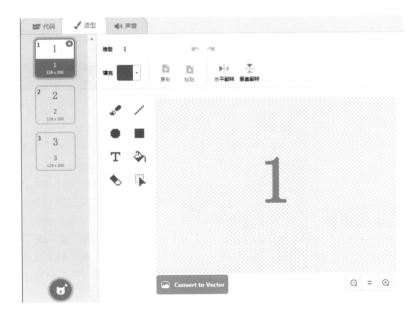

（2）搭建脚本

① 搭建"红色赛车"角色脚本。

角色	代码	功能描述
红色赛车 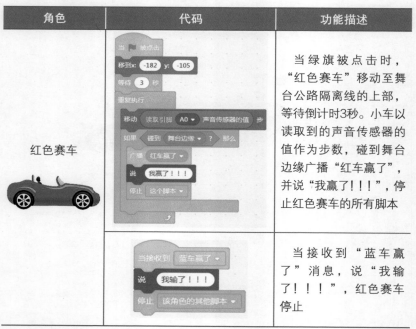		当绿旗被点击时，"红色赛车"移动至舞台公路隔离线的上部，等待倒计时3秒。小车以读取到的声音传感器的值作为步数，碰到舞台边缘广播"红车赢了"，并说"我赢了！！！"，停止红色赛车的所有脚本
		当接收到"蓝车赢了"消息，说"我输了！！！"，红色赛车停止

② 搭建"蓝色赛车"角色脚本。

角色	代码	功能描述
蓝色赛车 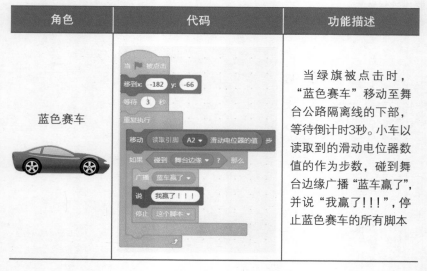		当绿旗被点击时，"蓝色赛车"移动至舞台公路隔离线的下部，等待倒计时3秒。小车以读取到的滑动电位器数值的作为步数，碰到舞台边缘广播"蓝车赢了"，并说"我赢了！！！"，停止蓝色赛车的所有脚本

续表

角色	代码	功能描述
蓝色赛车	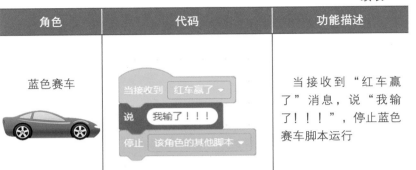	当接收到"红车赢了"消息，说"我输了！！！"，停止蓝色赛车脚本运行

③ 搭建"倒计时"角色脚本。

角色	代码	功能描述
倒计时 		当绿旗被点击时，显示角色，从3到1开始倒计时。倒计时完成后，隐藏该角色

（3）互动展示

扫二维码观看展示视频。

⚑ 4.1.4 头脑风暴

方案	硬件模块	方案详情
1	声音传感器，红色LED灯、黄色LED灯、绿色LED灯若干	设计一款喊话灯，随着声音的变化，点亮灯的数量也在变化
2	声音传感器	设计一个跳蚤角色，根据读取到的传感器的数值，跳蚤可以跳过障碍物
3	……	……

⠿ 4.2 倒车雷达滴滴滴

果果：汽车在倒车的时候，倒车雷达会发出"滴滴滴"的声音提示司机及时停车，能不能用Scraino制作一个倒车雷达的效果呢？

可可：当然，我们使用超声波传感器和蜂鸣器可以轻松完成倒车雷达"滴滴滴"提示的项目。

⚑ 4.2.1 创设情境

（1）想一想

任务发布	所需角色	舞台背景	设计思路
利用超声波传感器测试距离，当小车距离障碍物的距离在安全范围内时，蜂鸣器发出舒缓的滴滴声，当小车距离障碍物的距离较近时，蜂鸣器发出急促的滴滴声	红色赛车	夜晚的城市	第1步：连接硬件 第2步：导入"夜晚的城市"背景 第3步：导入"红色赛车"角色 第4步：搭建"红色赛车"角色脚本 第5步：互动测试

（2）学一学

项目所用到的积木如下。

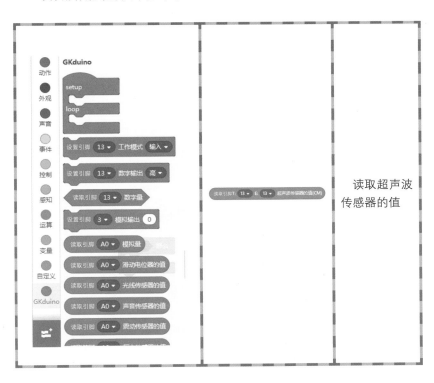

⚑ 4.2.2 小试身手——点亮你的房间

4.2.2.1 硬件连接 //

（1）模块清单

实物图	
模块名称	超声波传感器
模块数量	1

（2）连一连

将超声波传感器与主控板连接。

主控板	超声波传感器	功能
5V（V）	VCC	电源正极
Gnd（G）	GND	电源负极
D2（S）	Trig	数字接口
D3（S）	Echo	数字接口

如下图：

4.2.2.2 互动设计 //

（1）创建背景和角色

使用Scraino默认的小猫角色，无需其他角色和背景。

（2）搭建"小猫"角色脚本

角色	代码	功能描述
小猫 		新建一个变量"距离"，把超声波传感器的值赋给变量"距离"，当小猫说"距离"时，读取超声波传感器的值，并呈现在舞台上

（3）互动展示

扫二维码观看展示视频。

▶ 微信扫码 ◀
观看展示视频

📢 4.2.3 互动升级——倒车雷达滴滴滴

4.2.3.1 硬件连接 //

（1）连一连

把超声波传感器和蜂鸣器连接到主控板上。

主控板	超声波传感器	蜂鸣器	功能
5V（V）	VCC	VCC	电源正极
Gnd（G）	GND	GND	电源负极
D2（S）	Trig		数字接口
D3（S）	Echo		数字接口
D13(S)		OUT	数字接口

如下图：

（2）想一想

我们知道了超声波传感器可以测定距离，我们可以根据汽车距离障碍物的远近，发出不同的提示音，离障碍物越近提示越急促，以实现倒车雷达的效果。

4.2.3.2 互动设计 //

（1）创建背景和角色

① 导入"倒车场景"背景，并调整大小至充满舞台。

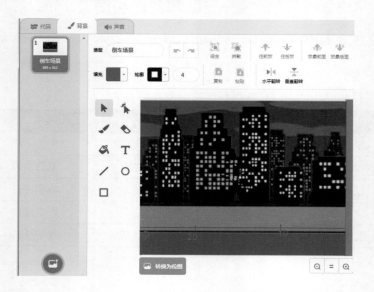

② 导入"红色赛车"角色，并调整至适宜大小。

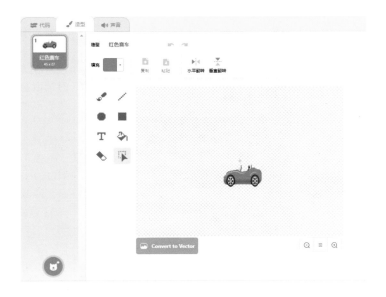

（2）搭建脚本

搭建"红色赛车"角色脚本。

角色	代码	功能描述
红色赛车 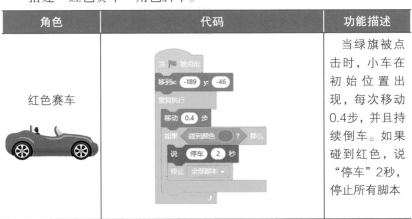		当绿旗被点击时，小车在初始位置出现，每次移动0.4步，并且持续倒车。如果碰到红色，说"停车"2秒，停止所有脚本

续表

角色	代码	功能描述
红色赛车 	当 绿旗 被点击 重复执行 说 请注意倒车 2 秒 将 距离 设为 读取引脚 T: 2 E: 3 超声波传感器的值(CM) 说 距离 1 秒 等待 0.1 秒 如果 距离 > 10 和 距离 < 20 那么 播放引脚 13 蜂鸣器频率为 284 时间为 500 ms 等待 0.5 秒 播放引脚 13 蜂鸣器频率为 284 时间为 500 ms 等待 0.5 秒 如果 距离 < 10 那么 播放引脚 13 蜂鸣器频率为 284 时间为 100 ms 等待 0.1 秒 播放引脚 13 蜂鸣器频率为 284 时间为 100 ms 等待 0.1 秒	当绿旗被点击时，小车边倒车边说"请注意倒车"同时读取超声波传感器的值并赋值给变量"距离"，当"距离"大于10且小于20时，蜂鸣器每隔0.5秒发出一次"滴"的响声，当"距离"小于10时，蜂鸣器每隔0.1秒发出一次"滴"的响声

（3）互动展示

扫二维码观看展示视频。

▶ 微信扫码 ◀
观看展示视频

🚩 4.2.4 头脑风暴

方案	硬件模块	方案详情
1	超声波传感器 蜂鸣器	设计一个改进型倒车雷达，距离障碍物的距离大于20时，蜂鸣器播放音乐，距离障碍物的距离小于20时，蜂鸣器发出急促的滴滴声，并停车
2	超声波传感器 按键	设计一个测高计，按键按下，超声波开始测距，在舞台上实时显示高度值
3	……	……

4.3 我是无敌弓箭手

果果：我可喜欢游乐场里气球射击的游戏了，打中多了还有奖品呢！

可可：我们用Scraino设计一个气球射击游戏，比一比谁射中的最多。

⚑ 4.3.1 创设情境

（1）想一想

任务发布	所需角色	舞台背景	设计思路
气球在星空中随机出现，控制箭头射击气球，每射中一次得到一分	气球 箭头	星空	第1步：导入"星空"舞台背景 第2步：导入"气球"角色 第3步：搭建"气球"角色脚本 第4步：搭建"星空"舞台背景脚本 第5步：互动测试

（2）学一学

项目所用到的积木如下。

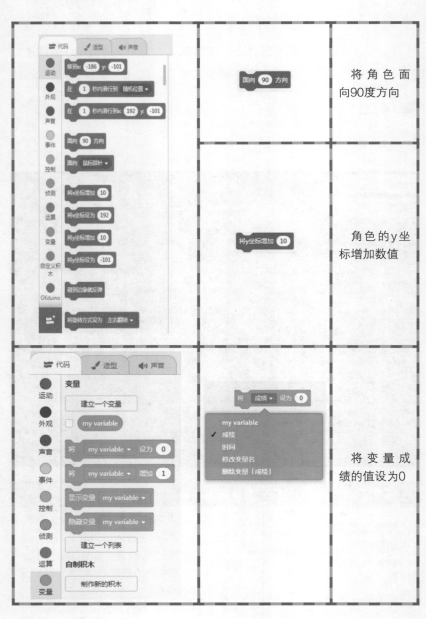

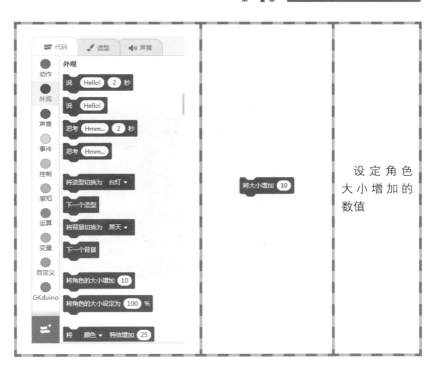

设定角色大小增加的数值

4.3.2 小试身手——气球任意飘

（1）创建背景和角色

① 绘制"星空"舞台背景，从系统背景库中选择"Stars"，并修改为"星空"。

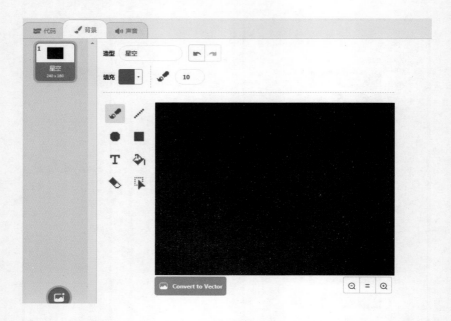

② 绘制"气球"角色，从系统角色库中选择"Ballon1"，并修改为"气球"。

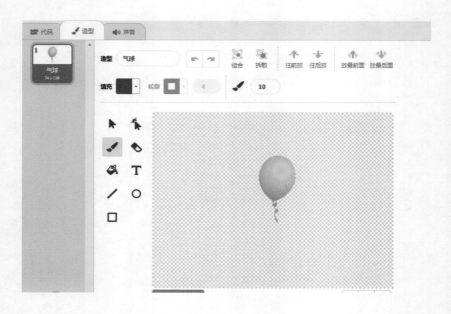

（2）搭建脚本

搭建"气球"角色脚本。

角色	代码	功能描述
气球 	当 ▶ 被点击 将大小设为 100 重复执行 　显示 　将大小设为 100 　移到x: 在 -210 和 200 之间取随机数 y: -257 　重复执行 110 次 　　将y坐标增加 4 　　将大小增加 -0.2	当绿旗被点击时，初始化"气球"大小设定为100，重复执行"气球"随机出现，向上飘动的过程中逐渐缩小

（3）互动展示

扫二维码观看展示视频。

▶ 微信扫码 ◀
观看展示视频

📍 4.3.3 互动升级——无敌弓箭手

4.3.3.1 硬件连接 //

（1）连一连

将红色按键、黄色按键、绿色按键与主控板连接。

主控板	红色按键	黄色按键	绿色按键	功能
5V（V）	VCC	VCC	VCC	电源正极

续表

主控板	红色按键	黄色按键	绿色按键	功能
Gnd（G）	GND	GND	GND	电源负极
D2（S）	S			数字接口
D4（S）		S		数字接口
D6（S）			S	数字接口

（2）连一连

（3）想一想

在"气球任意飘"中，只是让气球在星空中随机地飘动，如果我想通过按键按下来击落飘动着的气球，并能在规定的时间内，尽可能多地击落气球，该如何设计呢？

4.3.3.2 互动设计 //

（1）创建背景和角色

背景、气球角色与"气球任意飘"相同，绘制箭头角色。

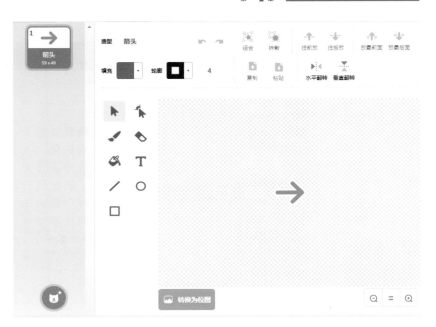

（2）搭建脚本

① 搭建"背景"脚本。

背景	代码	功能描述
星空	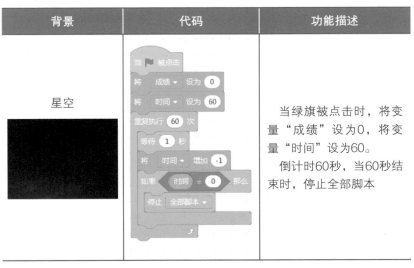	当绿旗被点击时，将变量"成绩"设为0，将变量"时间"设为60。 倒计时60秒，当60秒结束时，停止全部脚本

② 搭建"气球"角色脚本。

角色	代码	功能描述
气球 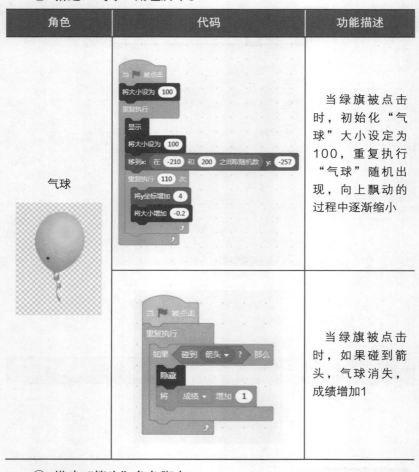		当绿旗被点击时，初始化"气球"大小设定为100，重复执行"气球"随机出现，向上飘动的过程中逐渐缩小
		当绿旗被点击时，如果碰到箭头，气球消失，成绩增加1

③ 搭建"箭头"角色脚本。

角色	代码	功能描述
箭头	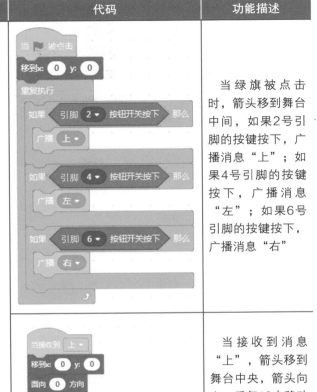	当绿旗被点击时，箭头移到舞台中间，如果2号引脚的按键按下，广播消息"上"；如果4号引脚的按键按下，广播消息"左"；如果6号引脚的按键按下，广播消息"右"
		当接收到消息"上"，箭头移到舞台中央，箭头向上，重复10次移动25步；当接收到消息"左"，箭头移到舞台中央，箭头向左，重复10次移动25步；当接收到消息"右"，箭头移到舞台中央，箭头向右，重复10次移动25步

（3）互动展示

扫二维码观看展示视频。

▶ 微信扫码 ◀
观看展示视频

🏳 4.3.4　头脑风暴

方案	硬件模块	方案详情
1	红外遥控装置	设计一个红外遥控弓箭，用1-右下、2-下、3-左下、4-左、6-右、7-左上、8-上、9-右上按键控制箭头
2	红外遥控装置 蜂鸣器	设计一个音乐遥控弓箭，当射中气球时，会响起音乐。按下不同的按键，不同颜色的LED灯亮起来，舞台相对应的台灯角色显示不同的颜色
……	……	……

⚏ 4.4　保卫地球显英豪

可可：果果，你最喜欢什么类型的游戏？

果果：当然是射击类游戏，我想当一个超级英雄，保卫地球！

可可：好，今天就满足你超级英雄的愿望，我们就来做一个射击类的游戏！现在有一批UFO准备登陆地球，玩家需要控制防空大炮击落这些UFO，最终击落UFO的数量就是你的得分。

⚑ 4.4.1 创设情境

（1）想一想

任务发布	所需角色	舞台背景	设计思路
一些UFO逐渐接近，准备攻占地球。玩家控制大炮，通过按键发射炮弹，击落这些来犯之敌	UFO 大炮 子弹 地球	星空	第1步：连接硬件 第2步：设置舞台背景 第3步：绘制"UFO""大炮""炮弹"和"地球"角色 第4步：搭建"UFO"的脚本 第5步：搭建"大炮"的脚本 第6步：搭建"子弹"的脚本 第7步：搭建"地球"的脚本 第8步：互动测试

（2）学一学

项目所用到的积木如下。

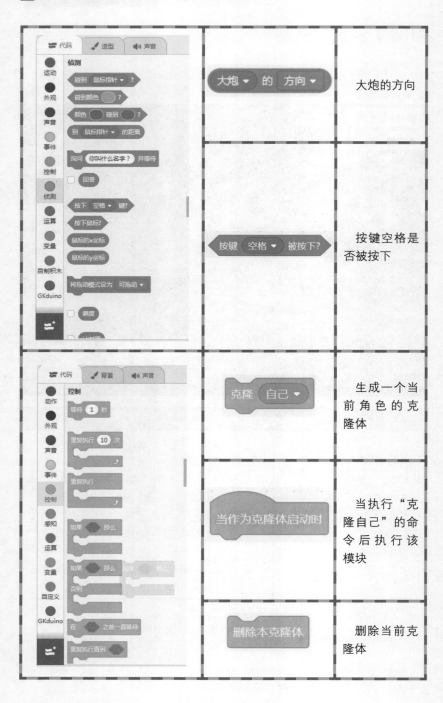

	大炮 ▼ 的 方向 ▼	大炮的方向
	按键 空格 ▼ 被按下?	按键空格是否被按下
	克隆 自己 ▼	生成一个当前角色的克隆体
	当作为克隆体启动时	当执行"克隆自己"的命令后执行该模块
	删除本克隆体	删除当前克隆体

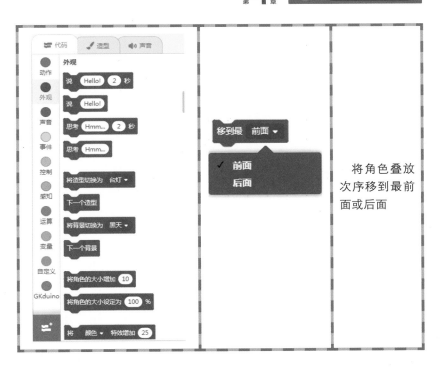

将角色叠放次序移到最前面或后面

4.4.2 小试身手——"保卫地球"游戏

（1）创建背景和角色

① 绘制一个"星空"背景。

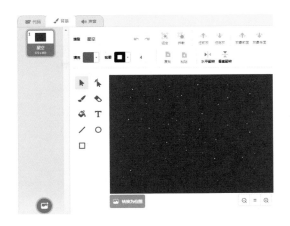

② 分别绘制"子弹""大炮""UFO"和"地球"角色。

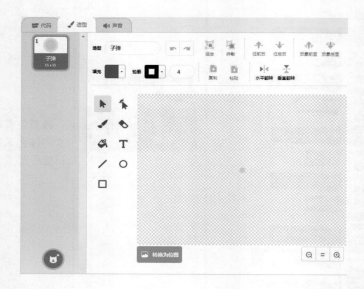

子弹

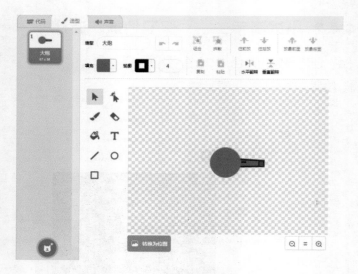

大炮

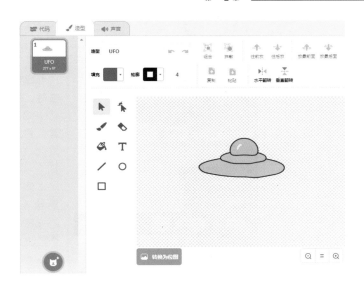

UFO

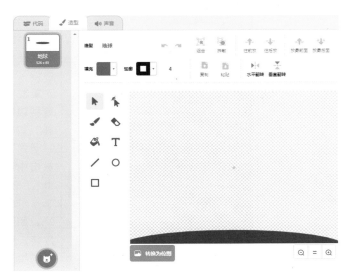

地球

（2）搭建脚本

① 搭建"UFO"脚本。

角色	代码	功能描述
UFO 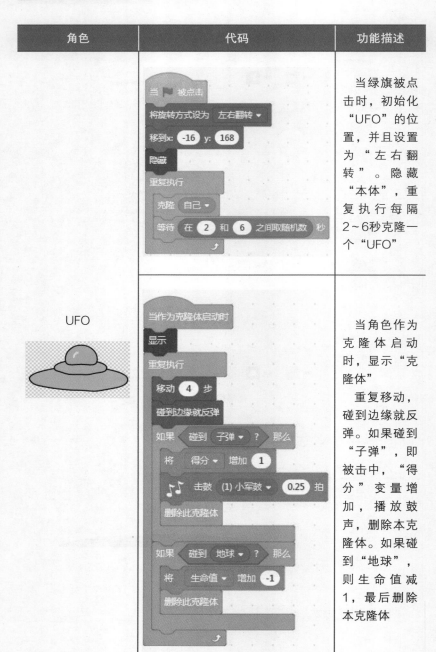	当 ▶ 被点击 将旋转方式设为 左右翻转 ▾ 移到x: -16 y: 168 隐藏 重复执行 克隆 自己 ▾ 等待 在 2 和 6 之间取随机数 秒	当绿旗被点击时，初始化"UFO"的位置，并且设置为"左右翻转"。隐藏"本体"，重复执行每隔2~6秒克隆一个"UFO"
	当作为克隆体启动时 显示 重复执行 移动 4 步 碰到边缘就反弹 如果 碰到 子弹 ▾ ? 那么 将 得分 ▾ 增加 1 ♪ 击鼓 (1) 小军鼓 ▾ 0.25 拍 删除此克隆体 如果 碰到 地球 ▾ ? 那么 将 生命值 ▾ 增加 -1 删除此克隆体	当角色作为克隆体启动时，显示"克隆体" 重复移动，碰到边缘就反弹。如果碰到"子弹"，即被击中，"得分"变量增加，播放鼓声，删除本克隆体。如果碰到"地球"，则生命值减1，最后删除本克隆体

② 搭建"大炮"角色脚本。

功能	代码	功能描述
大炮 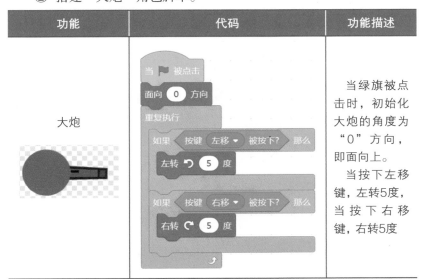		当绿旗被点击时，初始化大炮的角度为"0"方向，即面向上。 当按下左移键，左转5度，当按下右移键，右转5度

③ 搭建"子弹"角色脚本。

角色	代码	功能描述
子弹 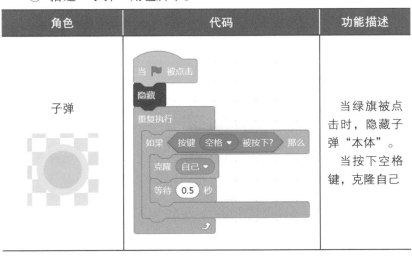		当绿旗被点击时，隐藏子弹"本体"。 当按下空格键，克隆自己

续表

角色	代码	功能描述
子弹 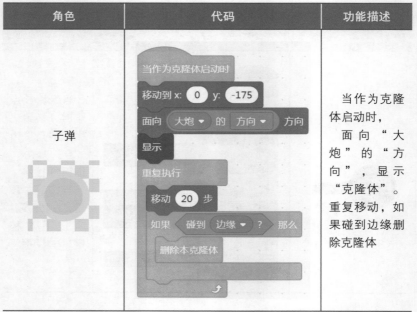	当作为克隆体启动时 移动到 x: 0 y: -175 面向 大炮 的 方向 方向 显示 重复执行 　移动 20 步 　如果 碰到 边缘 ? 那么 　　删除本克隆体	当作为克隆体启动时，面向"大炮"的"方向"，显示"克隆体"。重复移动，如果碰到边缘删除克隆体

④ 搭建"地球"角色脚本。

角色	代码	功能描述
地球 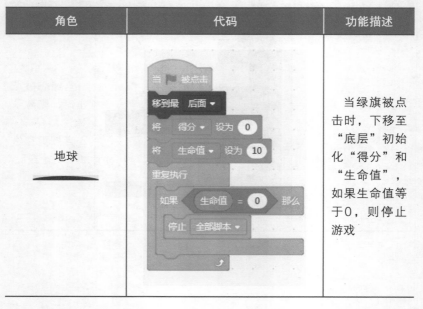	当 ▶ 被点击 移到最 后面 将 得分 设为 0 将 生命值 设为 10 重复执行 　如果 生命值 = 0 那么 　　停止 全部脚本	当绿旗被点击时，下移至"底层"初始化"得分"和"生命值"，如果生命值等于0，则停止游戏

（3）互动展示

扫二维码观看展示视频。

▶ 微信扫码 ◀
观看展示视频

🚩 4.4.3 互动升级——硬件控制大炮的发射

4.4.3.1 硬件连接 //

（1）模块清单

实物图	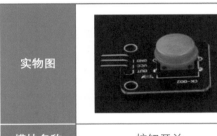	
模块名称	按钮开关	旋转电位器
模块数量	1	1

（2）连一连

将旋转电位器、按钮开关与主控板连接。

主控板	旋转电位器	按钮开关	功能
5V（V）	VCC	VCC	电源正极
Gnd（G）	GND	GND	电源负极
A0（S）	S		模拟接口
D2（S）		OUT	数字接口

如下图：

（3）想一想

"保卫地球"游戏有哪些控制？如果使用硬件来控制游戏，游戏会显得更真实更有趣。

4.4.3.2 互动设计 //

（1）创建背景和角色

背景和角色设计与"保卫地球"游戏相同。

（2）搭建脚本

① 搭建"飞碟""地球"脚本。

脚本内容与"小试身手"相同。

② 搭建"大炮"角色脚本。

角色	代码	功能描述
大炮 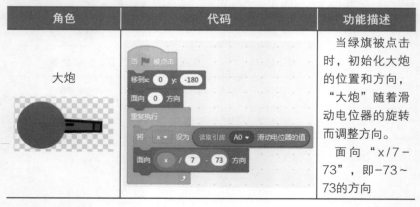	当 ▶ 被点击 移到x: 0 y: -180 面向 0 方向 重复执行 将 x ▾ 设为 读取引脚 A0 ▾ 滑动电位器的值 面向 x / 7 - 73 方向	当绿旗被点击时，初始化大炮的位置和方向，"大炮"随着滑动电位器的旋转而调整方向。 面向 "x/7 - 73"，即-73～73的方向

③ 搭建"子弹"角色脚本。

角色	代码	功能描述
子弹	当 ▶ 被点击 隐藏 重复执行 如果 〈引脚 2 ▼ 按钮开关按下〉那么 克隆 自己 ▼ 等待 0.5 秒	当绿旗被点击时，隐藏子弹"本体"。 当按下2号引脚的按键，克隆自己
	当作为克隆体启动时 移到x: 0 y: -175 面向 大炮 ▼ 的 方向 ▼ 方向 显示 重复执行 移动 20 步 如果 〈碰到 舞台边缘 ▼ ?〉那么 删除此克隆体	当作为克隆体启动时，面向"大炮"的"方向"，显示"克隆体"。重复移动，如果碰到边缘删除克隆体

（3）互动展示

扫二维码观看展示视频。

▶ 微 信 扫 码 ◀
观看展示视频

⚑ 4.4.4 头脑风暴

方案	硬件模块	方案详情
1	多个按键	用不同的按键控制不同类型的导弹，实现全方位的攻击效果，提升游戏的观赏性和可玩度
2	两个滑动电位器	两人操作，控制不同的大炮，实现多人游戏的效果
3	……	……

⊞ 4.5 弹球游戏样样通

果果：你知道弹球游戏吗？玩家控制弹板的左右移动，当小球落到上面就弹起来，一旦小球落地，游戏就失败了。

可可：当然知道，我可是玩弹球的高手呢！不止这样，我们还可以自己用Scraino制作一个简易弹球游戏。

⚑ 4.5.1 创设情境

（1）想一想

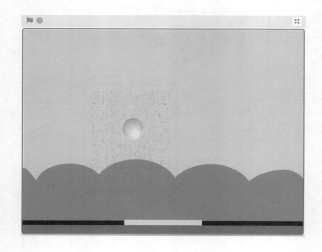

任务发布	所需角色	舞台背景	设计思路
小球在舞台以随机角度开始移动，碰到边缘就反弹。当碰到弹板则反弹上去，当碰到地面则游戏失败。玩家需要使用滑杆控制弹板，在小球下落时挡住小球	小球 弹板 地面	Blue Sky	第1步：设置舞台背景 第2步：添加"小球"角色 第3步：绘制"弹板"和"地面"角色 第4步：设计"小球"的脚本 第5步：设计"弹板"的脚本 第6步：互动测试

（2）学一学

项目所用到的积木如下。

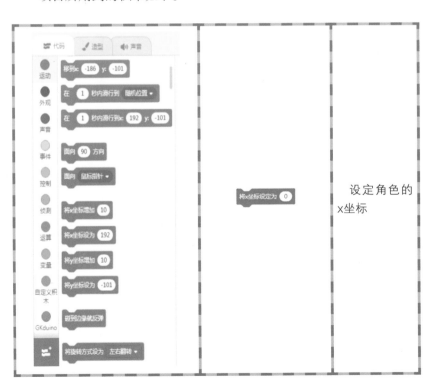

设定角色的 x坐标

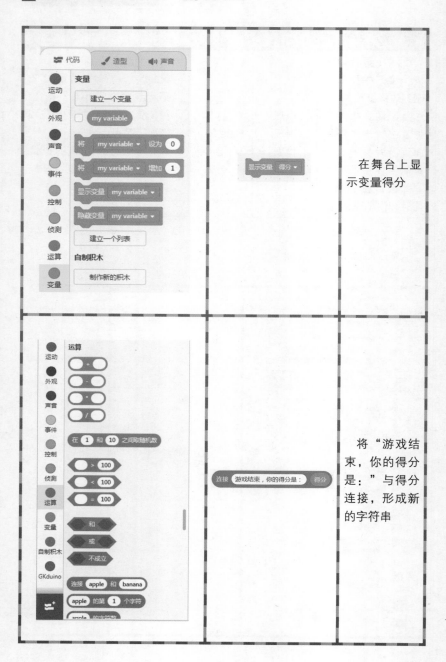

在舞台上显示变量得分

将"游戏结束，你的得分是："与得分连接，形成新的字符串

🏳 4.5.2 小试身手——弹球游戏初设计

（1）创建背景和角色

① 从系统背景库中选择"Blue Sky"。

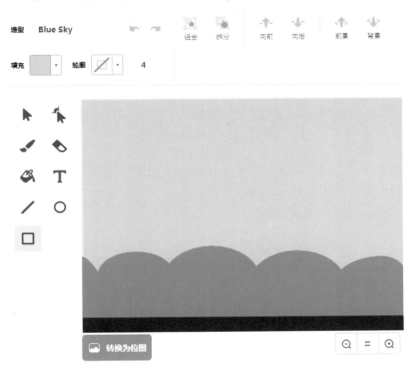

② 添加小球角色，改名为"小球"。

小球

③ 分别绘制"弹板"和"地面"角色。

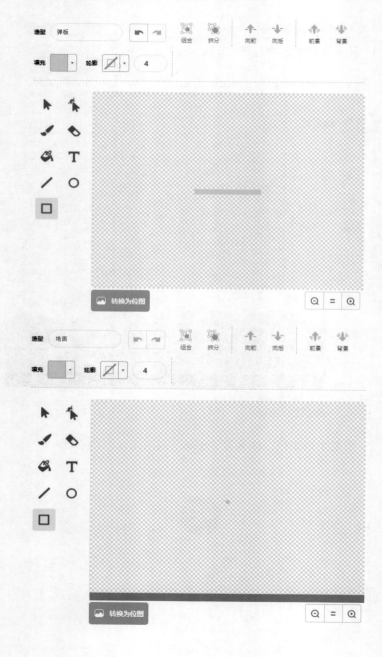

（2）搭建脚本

① 搭建"小球"角色脚本。

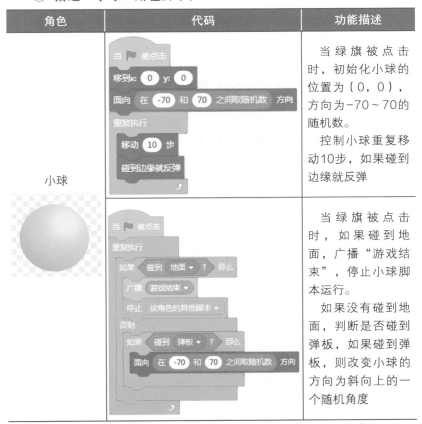

角色	代码	功能描述
小球	当 ▶ 被点击 移到x: 0 y: 0 面向 在 -70 和 70 之间取随机数 方向 重复执行 　移动 10 步 　碰到边缘就反弹	当绿旗被点击时，初始化小球的位置为（0，0），方向为-70～70的随机数。 控制小球重复移动10步，如果碰到边缘就反弹
	当 ▶ 被点击 重复执行 　如果 碰到 地面 ▼ ？ 那么 　　广播 游戏结束 ▼ 　　停止 该角色的其他脚本 ▼ 　否则 　　如果 碰到 弹板 ▼ ？ 那么 　　　面向 在 -70 和 70 之间取随机数 方向	当绿旗被点击时，如果碰到地面，广播"游戏结束"，停止小球脚本运行。 如果没有碰到地面，判断是否碰到弹板，如果碰到弹板，则改变小球的方向为斜向上的一个随机角度

② 搭建"地面"角色脚本。

角色	代码	功能描述
地面	当 ▶ 被点击 移到x: 0 y: 0	当绿旗被点击时，移动到舞台的最下面
	当接收到 游戏结束 ▼ 说 连接 游戏结束，你的得分是： 和 得分 3 秒	当接收到"游戏结束"，舞台上显示"游戏结束"，舞台显示得分值

③ 搭建"弹板"角色脚本。

角色	代码	功能描述
弹板	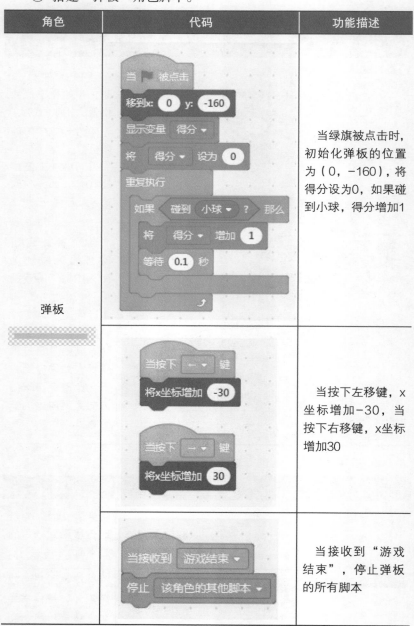	当绿旗被点击时，初始化弹板的位置为（0，-160），将得分设为0，如果碰到小球，得分增加1
		当按下左移键，x坐标增加-30，当按下右移键，x坐标增加30
		当接收到"游戏结束"，停止弹板的所有脚本

（3）互动展示

扫二维码观看展示视频。

微信扫码
观看展示视频

🏳 4.5.3 互动升级——硬件版"弹球游戏"

4.5.3.1 硬件连接 ///

（1）模块清单

实物图	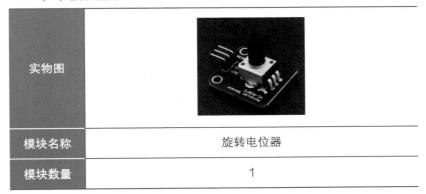
模块名称	旋转电位器
模块数量	1

（2）连一连

将滑动电位器与主控板连接。

主控板	旋转电位器	功能
5V（V）	VCC	电源正极
Gnd（G）	GND	电源负极
A0（S）	S	模拟接口

如下图：

（3）想一想

控制弹板是"弹球游戏"的重点，可以使用鼠标控制，也可以使用方向键控制，我们能不能用滑动电位器来控制呢？

4.5.3.2 互动设计 //

（1）创建背景和角色

背景和角色设计与"弹球游戏初设计"相同。

（2）搭建脚本

① 搭建"小球""地面"脚本。

同"弹球游戏初设计"。

② 搭建"弹板"角色脚本。

搭建"弹板"角色脚本。

角色	代码	功能描述
弹板	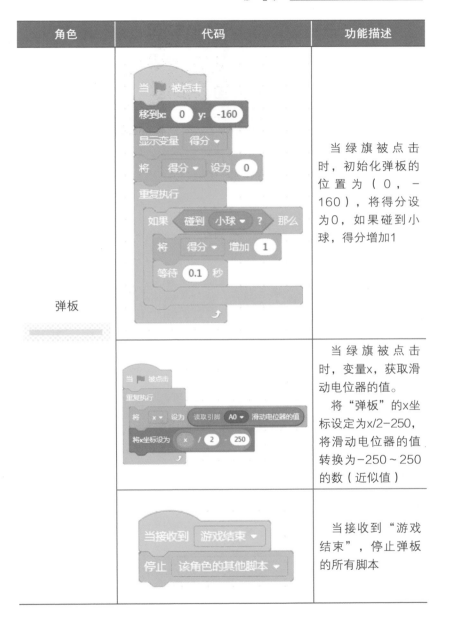	当绿旗被点击时，初始化弹板的位置为（0，－160），将得分设为0，如果碰到小球，得分增加1
		当绿旗被点击时，变量x，获取滑动电位器的值。 将"弹板"的x坐标设定为x/2-250，将滑动电位器的值转换为－250～250的数（近似值）
		当接收到"游戏结束"，停止弹板的所有脚本

（3）互动展示

扫二维码观看展示视频。

🚩 4.5.4 头脑风暴

方案	硬件模块	方案详情
1	打砖块游戏	在上方添加"砖块"，使弹球变为打"砖块"游戏。如果打到"砖块"，则"砖块"消失，得分加1，小球弹回来
2	超声波弹球游戏	固定超声波模块的位置，用手或球拍控制距离，将距离值映射为弹板的左右位置，用于控制弹板
3	……	……

🔔 附录 本书所用到的硬件资源

序号	名称	样例图片	序号	名称	样例图片
1	绿色LED灯		7	旋转电位器	
2	红色LED灯		8	有源蜂鸣器	
3	黄色LED灯		9	震动传感器	
4	红色按键		10	温度传感器	
5	绿色按键		11	声音传感器	
6	黄色按键		12	光线传感器	

序号	名称	样例图片	序号	名称	样例图片
13	超声波传感器		16	红外遥控模块	
14	红外接近开关模块		17	GKduino主控板（基于Arduino Uno）	
15	直流小电机				